AF403722

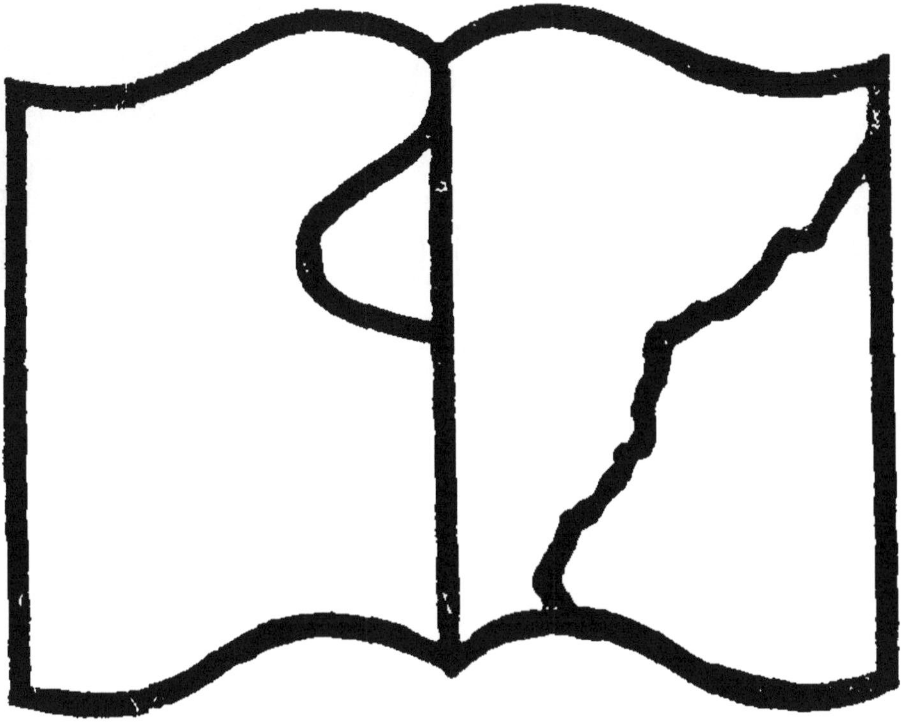

Texte détérioré — reliure défectueuse

NF Z 43-120-11

CATALOGUE

DES

CHENILLES EUROPÉENNES

CONNUES

PAR

GEORGES ROÜAST

LYON

IMPRIMERIE PITRAT AINÉ

4, RUE GENTIL, 4

1883

CATALOGUE

DES

CHENILLES EUROPÉENNES

CONNUES

LYON — IMPRIMERIE PITRAT AÎNÉ, RUE GENTIL, 4.

CATALOGUE

DES

CHENILLES EUROPÉENNES

CONNUES

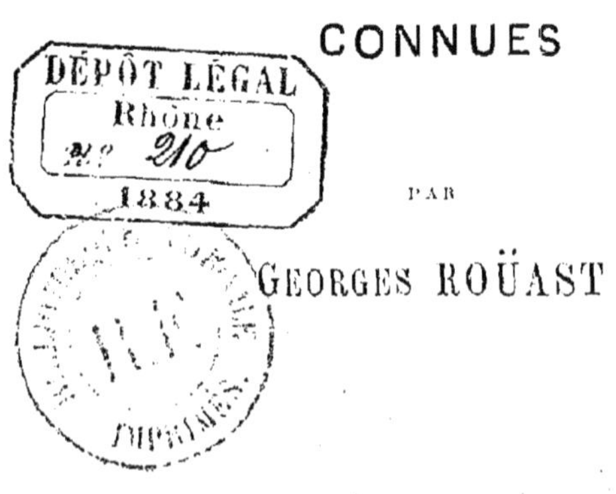

PAR

GEORGES ROÜAST

LYON
IMPRIMERIE PITRAT AINÉ
4, RUE GENTIL, 4
—
1883

PRÉFACE

Le Catalogue des Chenilles européennes que je soumets à l'appréciation du public compétent avait été d'abord composé pour mon usage personnel et n'était point destiné à la publicité. Cédant aux conseils de mes amis qui ont jugé que ce travail pouvait être utile aux lépidoptéristes en leur épargnant de longues recherches dans une multitude de monographies et de recueils, je me suis décidé à le publier.

Comme on le verra, j'ai placé en regard du nom de chaque espèce les deux indications qu'il importe le plus de connaître, à savoir l'habitat et l'époque. Du reste, dans l'énumération des espèces, j'ai suivi l'ordre méthodique des familles et des genres adopté par M. Staudinger dans son grand Catalogue, et par conséquent j'ai cru pouvoir supprimer la mention des noms d'auteurs.

L'ordre méthodique des familles, genres et espèces me paraît de beaucoup préférable à celui du calendrier qu'ont suivi MM. Jourdheuille et Merrin, et même à celui des plantes adopté par M. Kaltenbach pour tous les insectes. En effet, d'une part, les différences de température d'une contrée à l'autre peuvent faire varier de plusieurs mois l'époque d'apparition d'une espèce, et, d'autre part, il est des chenilles qui ont un habitat différent suivant les pays. C'est ainsi, par exemple, qu'en Espagne, c'est sur l'*Ulex* et le *Rosmarinus* que vit la chenille du *Lycæna bætica*, tandis qu'en France c'est sur les gousses du *Colutea arborescens*. En outre, ce Catalogue s'adressant aux lépidoptéristes et non aux botanistes doit présenter en premier lieu l'indication de l'animal qui est l'objet principal de l'étude, et en second lieu la plante.

Malgré tous les soins que j'ai mis pendant quatre années à réunir les matériaux de ce travail, je crains que quelques erreurs de détail s'y soient introduites à mon insu; aussi je prie mes collègues de vouloir bien me signaler les inexactitudes ou omissions qu'ils relèveront dans ce Catalogue afin de me mettre à même de publier les rectifications ou additions dans un supplément. Je ne veux point terminer cette courte préface sans exprimer ici tous mes remerciements à M. Ragonot, qui a bien voulu revoir la partie concernant les Micro-lépidoptères. Grâce à cet excellent et savant collègue, qui s'est adonné tout spécialement à l'éducation de ces petits êtres, la dernière partie de ce travail sera de beaucoup supérieure à la première.

OUVRAGES CONSULTÉS

Godart et Duponchel — Histoire naturelle des Lépidoptères.

Duponchel. — Iconographie des Chenilles.

Millière. — Iconographie et description de Chenilles et Lépidoptères inédits.

  — Lépidoptérologie. Sept fascicules.

  — Catalogue des Lépidoptères des Alpes-Maritimes.

De Réaumur. — Mémoires pour servir à l'histoire des insectes.

De Villers. — Caroli Linnæi entomologia, faunæ Sueciæ descriptionibus aucta.

Stainton. — The natural history of the Tineina.

  — Insecta Britannica. Lepidoptera (Tineina et Pterophorina).

Staudinger. — De Sesiis agri Berolinensis.

  — Catalogue des Lépidoptères qui habitent le territoire de la faune européenne.

Berce. — Faune entomologique française.

Boisduval. — Monographie des Zygénides.

  — Index methodicus.

Boisduval et Guénée. — Species général des Lépidoptères.

Boisduval, Rambur et Graslin. — Collection iconographique et historique des Chenilles d'Europe.

Bruand. — Monographie des Psychides.

H. Frey. — Die Tineen und Pterophoren der Schweiz.

  — Die Lepidopteren der Schweiz.

Rambur. — Catalogue systématique des Lépidoptères de l'Andalousie.

  — Catalogue de l'île de Corse.

  — Notice sur plusieurs espèces de Lépidoptères nouveaux du midi de la France.

Heinemann. — Faune des Lépidoptères d'Allemagne et de Suisse.

Ch. Oberthur. — Faune des Lépidoptères d'Algérie.

O. Hofmann. — Ueber die Naturgeschichte der Psychiden.

  — Beitrage zur Naturgeschichte der Coleophoren.

Heylaerts. — Notice sur l'Epichnopteryx Tarnierella.

Zeller. — Chilonidarum et Crambidarum genera et species.

  — Die Gattungen der mit Augendeckeln versehenen blattminirenden Schaben.

  — Die Arten der Blattminirergattung Lithocolletis.

  — Beitrag zur Kenntniss der Coleophoren.

ZELLER. — Revision der Pterophoriden.
— Die Depressarien und einige ihnen nahe stehende Gattungen.
— Die Schaben mit langen Kiefertastern.
— Die Argyresthien.
MÉNÉTRIÈS. — Enumeratio corporum animalium Musei imp. Petropoli.
— Lépidoptères de la Sibérie orientale et en particulier des rives de l'Amour.
J. LEDERER. — Contributions à la faune des Lépidoptères de la Transcaucasie.
J. MERRIN. — The Lepidopterist's Calendar.
JOURDHEUILLE. — Calendrier du Microlépidoptériste.
DE PEYERIMHOFF. — Catalogue des Lépidoptères d'Alsace.
CUNI Y MARTORELL. — Catalogue des Lépidoptères de Catalogne.
FOUCART. — Catalogue des Lépidoptères des environs de Douai.
G. LE ROI. — Catalogue des Lépidoptères du département du Nord.
BRUAND. — Catalogue des Lépidoptères du Doubs.
STEFANELLI. — Catalogo illustrativo di Lepidotteri Toscani.
CONSTANT. — Catalogue des Lépidoptères du département de Saône-et-Loire.
DUJARDIN. — Catalogue des environs d'Amiens.
MAURICE SAND. — Catalogue des Lépidoptères du Berry et de l'Auvergne.
DONZEL. — Notes relatives aux Lépidoptères, manuscrit.
— Notice sur les environs de Digne et quelques points des Basses-Alpes.
KEFERSTEIN ET WERNEBURG. Catalogue des Lépidoptères d'Erfurth.
CH. ET ALP. DUBOIS. — Les Lépidoptères de l'Europe, leurs chenilles et leurs
  chysalides.
CANTENER. — Catalogue des Lépidoptères du Var.
ANNALES. — Société entomologique de France.
— Société linnéenne de Lyon.
— Société entomologique de Belgique.
— Petites nouvelles entomologiques.
— Petite feuille des jeunes naturalistes.

CATALOGUE

DES

CHENILLES EUROPÉENNES

CONNUES

RHOPALOCERA

PAPILIO

Podalirius. — Pommier, Pêcher, Amandier, *Berberis vulgaris*, *Prunus spinosa*, *Prunus communis;* juin, juillet, août et septembre.

(Var.) **Festhameli.** — *Prunus spinosa;* février et mars; Martorell.

Alexanor. — *Seseli montanum;* du 20 juillet au 15 août.

Machaon. — *Daucus carota, Peucedanum, Ferula, Anethum fœniculum, Seseli, Ruta graveolens, etc.;* juin à août; Merrin. — Je l'ai trouvée jusqu'à fin octobre.

Hospiton. — *Ferula nodiflora ?*

THAIS

polyxena. — *Aristolochia pistolochia ;* en mai ; mais il ne faut la chercher que les premiers jours de juillet ou d'août. — *Aristolochia rotunda;* Boisduval, Rambur et Graslin. — Variété *polymnia*, Mill.; *Aristolochia clematitis;* avril, mai.

rumina. — *Aristolochia pistolochia;* parvenue à toute sa taille, juillet et août; d'après Berce, mai et juin. — Vit sur *A. bœtica* suivant Rambur.

DORITIS

Apollina. — *Aristolochia ;* Herrich Schœffer.

PARNASSIUS

Apollo. — Plusieurs espèces de *Sedum* et de *Saxifraga ;* avril, mai et juin.

Mnemosyne. — *Corydalis Halleri ;* H. Schœffer ; avril, mai et juin. — *Sedum* et *Saxifraga ;* Martorell.

Delius. — La chenille vit sur le *Saxifraga aizoides ;* Heinrich Frey.

APORIA

cratægi. — *Cratægus oxyacantha, Cerasus mahaleb, Prunus spinosa ;* plusieurs arbres fruitiers, quelquefois sur le *Quercus robur :* mars, avril et mai.

PIERIS

brassicæ. — Toutes les Crucifères et notamment sur les différentes variétés du *Brassica oleracea ;* depuis le commencement de l'été jusqu'à la fin de l'automne.

rapæ. — Crucifères, *Tropæolum majus, Reseda, etc.* ; juin et septembre.

napi. — *Rapa, Reseda lutea* et *R. luteola*, la Capucine ; dans les champs et les jardins ; juin et septembre.

Callidice. — Crucifères près des neiges éternelles : août et septembre.

Daplidice. — *Reseda lutea, Turritis glabra, Sisymbrium erucastrum* et *S. sophia, Thlaspi arvense, Erysimum cheiranthoides, Brassica cheiranthus ;* juin et septembre.

ANTHOCHARIS

belia. — *Sisymbrium erucastrum, Sinapis incana ;* suivant M. Constant elle doit vivre sur le *Barbarea vulgaris ;* les derniers jours de juillet, elle a acquis toute sa taille.

Tagis. — *Iberis pinnata ;* juin.

cardamines. — Sur plusieurs Crucifères principalement les *Cardamine impatiens* et *C. pratensis ;* juin et juillet.

Damone. — *Isatis tinctoria ;* Herrich Schœffer.

euphenoides. — *Biscutella didyma ;* milieu de l'été (en juillet).

ZEGRIS

Eupheme. — *Sisymbrium sophia, Lepidium perfoliatum* ; Eversmann. — *Sinapis incana, Rhaphanus, Brassica ;* Rambur. — A toute sa taille en mai.

LEUCOPHASIA

sinapis. — *Lotus corniculatus*, *Vicia cracca*, les *Lathyrus* et les *Orobus*; juin et septembre.

COLIAS

Palæno. — *Vaccinium uliginosum*; en mai.

Hyale. — *Coronilla varia* et sur différentes Légumineuses du genre *Vicia*; Alp. Dubois. — *Trifolium*, *Medicago* et diverses Légumineuses herbacées; Donzel. — Juin et septembre.

Edusa. — Plusieurs espèces de *Trifolium* et *Cytisus*; juin, août et septembre; Coronilla; Martorell.

Aurorina. — *Astragalus caucasicus*; avril; Haberhauer (Lederer).

rhamni. — *Rhamnus cathartica* et *Rh. frangula*; plusieurs fois dans l'année, plus sûrement, en septembre. — *Rhamnus alaternus*; Martorell.

Cleopatra. — *Rhamnus alpina* et *Rh. alaternus*; juin et août.

THECLA

betulæ. — *Betula alba*, *Prunus domestica*, *P. spinosa*; juin et juillet, depuis avril jusqu'à la fin de juin; Alp. Dubois.

spini. — *Cratægus oxyacantha*, *Prunus spinosa*, et *Rhamnus cathartica*; Ch. Dubois; mai, juin et juillet. — Donzel ne mentionne que mai.

w. album. — *Ulmus campestris*; fin mai-commencement de juin; *Cratægus oxyacantha*; Boisduval, Rambur et Graslin.

ilicis. — *Ulmus campestris*, *Acacia*, *Quercus robur*, *Quercus ilex*; Donzel. — *Quercus coccifera*; avril; Martorell. —A toute sa taille en juin ou en mai; Berce, Donzel.

acaciæ. — *Prunus spinosa*; Donzel.

pruni. — *Prunus spinosa*, *Berberis vulgaris*, *Corylus avellana*, *Quercus robur*, *Betula alba* (*Prunus padus*, catalogue des Lépidoptères d'Alsace de Peyerimhoff); mai. — Mai et juin; Alph. Dubois.

roboris. — La chenille vit sur le *Fraxinus excelsior*; Donzel.

quercus. — *Quercus robur*; courant de mai au 15 juin.

rubi. — *Rubus cæsius* et *R. fruticosus*, *Genista scoparia* et *G. tinctoria*, *Hedysarum onobrychis*; a toute sa croissance en juillet et août.

THESTOR

Ballus. — *Lotus hispidus*, Légumineuses herbacées ; les chenilles se mangent entre elles ; Rambur ; ont acquis toute leur taille à la fin de mai.

POLYOMMATUS

virgaureæ. — *Solidago virgaurea, Rumex acutus ;* juin et septembre. — Les *Rumex crispus, acetosa* et *acetosella ;* Ch. Dubois.

Hippothoë. — *Rumex acetosa* et *R. acetosella ;* fin mai et juin. — On la rencontre une deuxième fois en septembre ; Alph. Dubois.

Alciphron. — *Rumex acetosa ;* avril et mai.

Dorilis. — *Rumex acetosa, Genista scoparia ;* fin juin, courant de septembre.

Phlœas. — *Rumex acetosa* (et *R. obtusifolius, crispus, acetosella, scutatus* ; avril et mai ; Ch. Dubois) ; à différentes époques de l'année. — Rambur dit que la chenille vit surtout sur le *Rumex acetosella.*

Amphidamas. — Principalement *Polygonum bistorta* et aussi sur les *Rumex maritimus, crispus, obtusifolius, acetosa ;* juillet et août ; Ch. Dubois.

LYCÆNA

bætica. — Gousses du *Colutea arborescens, Lupinus mutabilis ;* on la nourrit en captivité, de pois verts ; fin juillet à septembre et octobre. — En Espagne, m'écrit M. Martorell, elle vit sur toutes les plantes, mais principalement sur les *Genista, Ulex* et *Rosmarinus.* — Selon Rambur, sur la plupart des Légumineuses.

Telicanus. — Est polyphage, quoique se trouvant surtout sur le *Lythrum salicaria ;* Rambur. — Les chenilles s'entre-dévorent. — *Calluna vulgaris ;* Millière.

Argiades. — *Lotus corniculatus, Onobrychis sativa* et *Rhamnus frangula ;* juin, août et septembre ; Alph. Dubois. — *Trifolium pratense* et *T. arvense, Pisum sativum, Anthyllis vulneraria, Medicago falcata* et *M. lupulina ;* Frey.

Ægon. — *Colutea arborescens, Genista scoparia ;* et aussi, dit Charles Dubois, sur *Genista germanica, Cytisus laburnum, Melilotus officinalis, Ulex europæus ;* mai.

Argus. — Les *Genista, Hedysarum, Onobrychis, Melilotus officinalis* et autres Légumineuses ; courant mai.

Optilete. — *Vaccinium uliginosum,* peut-être aussi sur les *V. myrtillus* et *V. oxycoccos ;* FREY.

Orion. — *Sedum telephium ;* juillet.

Baton. — *Thymus vulgaris* et probablement sur le *Thymuy serpyllum,*
éclôt vers le milieu et la fin d'avril; a son entier développement
le 15 ou le 20 mai. — *Coronilla varia ;* FREY.

Astrarche. — Vit, dit-on, sur les *Trifolium ;* Alph. DUBOIS. — *Erodium
cicutarium ;* de septembre à avril ; MERRIN, FREY.

(*Var.*) Artaxerces. — *Helianthemum vulgare ;* mai ; MERRIN.

Icarus. — *Ononis spinosa, Medicago sativa, Fragaria vesca, Astragalus glycyphyllos,* les *Trifolium,* les *Onobrychis ;* mai et fin
juillet.

Eumedon. — Vit probablement des fruits du *Geranium sanguineum ;*
FREY.

Escheri. — Selon SAPORTA, la chenille doit vivre sur l'*Astragalus
incanus;* sa nourriture consiste en *Plantago* selon HIMMIGHOFFEN
et probablement aussi en *Cynoglossum;* mars et avril ; MARTO-
RELL. — *Astragalus monspessulanus ;* DONZEL.

Bellargus. — *Hippocrepis comosa, Genista sagittalis,* les *Trifolium*
et d'autres Légumineuses; avril et mai.

Coridon. — Les *Trifolium, Lotus, Hippocrepis (Plantago ;* MARTORELL);
mai et juin.

Hylas. — *Thymus vulgaris,* probablement *serpyllum.* — Le 15 ou le
20 mai, la chenille se métamorphose. — *Trifolium* et *Melilotus
officinalis;* FREY.

Meleager. — *Thymus latifolius, Orobus niger.*

Admetus. — La variété *Rippartii* vit sur l'*Onobrychis saxatilis;* DONZEL.

Dolus. — *Onobrychis sativa ;* mai.

Damon. — *Onobrychis sativa* et *O. supina ;* fin mai.

Argiolus. — Les *Dorycnium (Hedera helix, Rhamnus frangula;*
OCHSENHEIMER); elle se transforme, fin mai, premiers jours de
juin ; puis en septembre.

Sebrus. — *Onobrychis montana ;* la femelle dépose ses œufs sur les
fleurs en boutons ; DONZEL.

minima. — *Astragalus cicer (Onobrychis sativa, Melilotus arvensis*
et *M. officinalis, Trifolium procumbens* et *T. campestre,
Coronilla varia ;* Alph. DUBOIS); mai et juillet.

semiargus. — *Melilotus officinalis* et *M. arvensis, Astragalus gly-*

cyphyllos ; Alph. Dubois. — *Anthyllis vulneraria, Armeria
vulgaris ;* Frey.

Cyllarus. — Plusieurs *Astragalus, Medicago, Trifolium, Onobrychis,
Melilotus officinalis, Genista sagittalis ;* mai et août.

melanops. — Les *Dorycnium suffruticosum, etc. ;* parvenue à toute
sa grosseur fin mai, premiers jours de juin.

Jolas. — *Colutea arborescens* dans les capsules ; Berce ; août et septembre.

Erebus. — *Sanguisorba officinalis ;* Frey.

Arion. — Sur les Papilionacées, selon Quaedvlieg. — *Thymus serpyllum ;* mars ; Merrin.

Euphemus. — Extrémité des graines du *Sanguisorba officinalis ;*
A. Schmid.

NEMEOBIUS

Lucina. — Différentes espèces de *Primula* et de *Rumex ;* juin et
septembre. — Juillet et août ; Alph. Dubois, d'après Freyer.

LIBYTHEA

celtis. — *Celtis australis ;* en captivité, on peut la nourrir avec le Cerisier ; Godart ; avril, mai et juillet.

CHARAXES

Jasius. — *Arbutus unedo.* Éclôt fin septembre, passe l'hiver et arrive
à toute sa taille en mai, puis en juillet.

APATURA

Iris. — Le Tremble, les Peupliers noirs et blancs et les grands Chênes ;
se chrysalide vers le 15 mai. — Mai et juin, Berce.

Ilia. — *Populus tremula* et autres *Populus,* les *Salix ;* mai et juin.

LIMENITIS

populi. — Les *Populus* et *Salix* (Charles Dubois : *Populus tremula*
seulement) ; se chrysalide vers le 20 mai, après avoir passé l'hiver.

Camilla. Les *Lonicera,* principalement les *xylosteum* (et *periclymenum ;* Martorell) ; passe l'hiver et arrive à toute sa taille en
avril et courant de juillet.

Sibylla. — *Lonicera periclymenum* et *L. xylosteum ;* mai. — *Lucilla
neptis, Spiræa salicifolia ;* Frey.

VANESSA

Levana. — *Urtica dioica;* septembre et juin.

Egea. — *Parietaria officinalis;* mai.

C. album. — *Ulmus campestris, Urtica dioica, Corylus avellana, Ribes rubrum, Lonicera xylosteum, Prunus spinosa, Humulus lupulus;* vit solitaire ; juin et août.

polychloros. — Sur le Saule, l'Orme, l'Alisier, le Cerisier, le Chêne, en petite société ; juin et août. — La larve mange souvent le *Celtis australis;* RAMBUR.

xanthomelas. — *Salix caprea* et *S. vitellina;* juin et juillet.

L. album. — *Salix helix, Hypophae rhamnoides.*

urticæ. — *Urtica dioica*, en famille ; depuis fin avril jusqu'en septembre.

(Var.) **Ichnusa.** — Même époque que le *V. urticæ;* la chenille, dit RAMBUR, vit sur l'*Urtica hispida*, en captivité ; quoique préférant l'*hispida* elle s'accommode des *Urtica pilulifera, membranacea* et *dioica.*

Jo. — Plusieurs sortes d'*Urtica*, l'*Humulus lupulus;* vit en société ; fin juin et commencement août.

Antiopa. — Les Saules, les Peupliers, les Bouleaux, l'Osier, l'Orme ; vit en société ; fin juin et fin août.

Atalanta. — Les *Urtica urens* et *U. dioica* (*Parietaria diffusa;* MARTORELL); juillet, août et septembre.

Callirhoe. — Vit sur les Orties ; juillet, août et septembre.

cardui. — *Cirsium, Carduus, Malva, Urtica, Echium vulgare;* vit solitaire ; juin, juillet à septembre.

MELITÆA

Cynthia. — *Plantago lanceolata;* en juin ; est polyphage, d'après FREY.

Maturna. — *Populus alba* et *P. tremula, Salix caprea, Fagus sylvatica, Scabiosa succisa*, les *Plantago, Fraxinus excelsior;* hiverne et se chrysalide en mai.

Aurinia. — Les *Plantago, Scabiosa;* vit en société dans le jeune âge, passe l'hiver sous une toile ; avril, juillet et septembre.

(Var.) **Merope.** — *Primula viscosa;* juin.

(Var.) **Desfontainii.** — Chen. sur le Plantain ; RAMBUR. — D'après LORQUIN, elles vivraient en société sur le *Lonicera.*

Cinxia. — Les *Plantago*, principalement le *P. lanceolata, Centaurea jacea, Veronica agrestis, Hieracium pilosella;* vit en famille; mars, avril, août et septembre.

Phœbe. — *Centaurea scabiosa, C. jacea;* mai, juin et septembre. —Je l'ai toujours trouvée sur la *Centaurea paniculata,* en société, au mois de juillet. — *Centaurea aspera;* MARTORELL.

trivia. — *Verbascum thapsus;* OCHSENHEIMER. — Se chrysalide vers la fin de mai.

Didyma. — Les *Veronica, Artemisia, Linaria vulgaris,* plusieurs espèces de *Plantago;* mai et juin.

Dictynna. — *Veronica agrestis.* — Les *Melampyrum pratense, sylvaticum, cristatum, nemorosum,* les *Plantago major, lanceolata, media;* Ch. DUBOIS. — A toute sa taille fin mai.

Dejone. — *Linaria monspeliensis;* BELLIER DE LA CHAVIGNERIE. — RAMBUR mentionne les *Linaria* en général.

Athalia. — Plusieurs sortes de *Plantago, Melampyrum pratense* et *M. sylvaticum, Centaurea nigra, Hieracium pilosella, Valeriana dioica;* mars, avril, mai et septembre.

Parthenie. — *Plantago lanceolata,* d'après OCHSENHEIMER; mai. — *Plantago major;* à la fin de juin, commencement juillet; RAMBUR. — Sur les Scabieuses; FREY.

Aurelia. — Sur le *Melampyrum* et le *Plantago;* FREY.

ARGYNNIS

Aphirape. — *Polygonum bistorta;* mai et juin; Alph. DUBOIS.

Selene. — Plusieurs espèces de *Viola;* avril et septembre. — Juin et et septembre; DONZEL. — En juin seulement, suivant M. BERCE.— Depuis juillet à mars; M. MERRIN.

Euphrosyne. — Plusieurs espèces de *Viola;* juin et septembre. — Avril et mai; Ch. DUBOIS. — *Fragaria;* FREY.

Pales. — *Viola montana;* principalement en mai.

Dia. — Différentes espèces de *Viola;* juin, juillet et septembre.

Amathusia. — *Polygonum bistorta;* fin mai; OCHSENHEIMER.

Daphne. — *Rubus idæus;* mai et juin. — Framboisier commun; BERCE.

Ino. — *Rubus idæus* et l'*Urtica;* fin mai. — Ch. DUBOIS n'indique que la *Sanguisorba officinalis* et la *Spiræa aruncus.* — Sur le Framboisier; DONZEL.

Lathonia. — *Borrago officinalis, Viola tricolor, V. canina, Onobrychis sativa;* mai, juillet et août.

Aglaja. — *Viola canina* (Les *Viola odorata, palustris, sylvestris* et *tricolor :* Ch. DUBOIS); premiers jours de juin.

Niobe. — Les *Plantago*, les *Viola odorata* et *tricolor;* mai et juin.

Adippe. — Les *Viola tricolor* et *canina* (*V. odorata, arvensis, hirta;* Ch. DUBOIS); mai et juin.

Paphia. — *Viola canina, Rubus idæus, Cheiranthus tristis,* quelquefois l'*Urtica* (et aussi *Cratægus oxyacantha, Hesperis matronalis, Dentaria bulbifera;* Ch. DUBOIS); mai et juin.

Pandora. — *Viola tricolor;* FREYER.

DANAIS

Chrysippus. — Plusieurs *Asclepias*, principalement l'*Asclepias fruticosa.*

MELANARGIA

Galathea. — *Phleum pratense* et plusieurs autres Graminées; avril, mai et juin.

Lachesis. — *Lamarchia aurea* principalement, et diverses Graminées.

Japygia. — Diverses Graminées; semble préférer la *Lamarchia aurea.*

Syllius. — *Brachypodium pinnatum;* se chrysalide commencement mai. — Selon d'autres auteurs, elle vit sur diverses Graminées; s'enterre assez profondément pour se transformer.

EREBIA

Epiphron. — *Poa annua, Festuca ovina;* août; passe l'hiver, se chrysalide en mai; MERRIN.

Medusa. — *Panicum sanguinale;* arrive à toute sa taille à la fin de mai.

Evias. — DONZEL a vu la femelle déposant ses œufs sur une Graminée, très dure, en touffe.

Æthiops. — *Dactylis glomerata* et quelques autres Graminées; mai et juin ; Alph. DUBOIS.

Ligea. — *Panicum sanguinale;* Alph. DUBOIS; a toute sa taille fin juin, après avoir passé l'hiver. — *Milium effusum;* FREY.

SATYRUS

Hermione. — Vit sur les Graminées, particulièrement l'*Holcus mollis;* mai et commencement juin. — *Holcus lanatus;* FREY.

Alcyone. — *Brachypodium pinnatum* exclusivement ; passe l'hiver, parvient à toute sa taille à la mi-mai.

Circe. — *Anthoxanthum odoratum*, *Lolium perenne* et plusieurs espèces de *Bromus ;* a toute sa taille à la fin de mai.

Briseis. — Sur les Graminées ; MARTORELL. — Se nourrit de racines de Graminées, principalement : *Sesleria cærulea*. — A toute sa taille mai et juin ; FREYER.

Semele. — Graminées, principalement : *Aira cæspitosa* et *A. montana ;* mai. — Avril et mai ; BERCE.

Fidia. — Vit sar diverses Graminées, sur le *Piptatherum multiflorum ;* éclôt du 10 au 15 juillet ; en mai suivant, parvient à toute sa taille.

Dryas. — *Avena elatior ;* et probablement, ajoute DONZEL sur plusieurs Graminées ; en juin.

Climene. — Vit uniquement de Graminées.

Mæra. — Les Graminées, notamment le *Poa annua*, *P. fluitans*, *Hordeum murinum ;* avril et juin.

Megæra. — Se nourrit de Graminées, *Poa*, *Hordeum*, *Festuca ;* avril et juin.

(Var.) **Tigelius.** — Vit de Graminées ; paraît presque toute l'année.

Ægeria. — *Triticum repens* et d'autres Graminées, *Poa trivialis*, *P. nemoralis*, etc. ; fin de l'été, et en mai et juin. — Depuis septembre jusqu'en mars ; MERRIN.

Achine. — *Lolium perenne ;* avril et mai.

EPINEPHELE

Lycaon. — Les Graminées ; mai et juin.

Janira. — Plusieurs Graminées, particulièrement les *Poa pratensis*, *annua*, *trivialis ;* passe l'hiver et croît jusqu'à la fin de mai ou au commencement de juin.

Ida. — Les Graminées, principalement le *Triticum cæspitosum ;* avril et mai.

Tithonus. — Les Graminées, principalement les *Poa annua* et *trivialis ;* mai et juin.

Pasiphae. — Vit isolément sur les Graminées ; parvient à toute sa taille, fin avril commencement mai.

Hyperanthus. — Les Graminées, principalement le *Milium effusum*, *Poa annua*, *Carex sylvatica*, *C. cæspitosa ;* mai et juin.

CÆNONYMPHA

Hero. — *Elymus europæus* et plusieurs Graminées ; FREY.

Iphis. — Les Graminées, principalement le *Melica ciliata ;* avril et
mai.

Arcania. — Les Graminées, surtout les *Melica ciliata* et *M. nutans ;*
vers le milieu de mai, elle se chrysalide.

Corinna. — *Carex gynomane, Triticum cæspitosum ;* mai et juillet ;
BOISDUVAL, RAMBUR et GRASLIN. —Mai, juillet et août ; DONZEL.

Pamphilus. — Les Graminées en particulier, Alph. DUBOIS. — *Cynosurus cristatus* et les *Poa ;* avril, mai, août et septembre.

Tiphon. — *Rhynchospora alba ;* août ; se chrysalide en mai, après avoir
passé l'hiver ; MERRIN. — *Festuca elatior ;* FREY.

SPILOTHYRUS

Alceæ. — Différentes espèces de *Malva,* l'*Althæa rosea ;* juin et septembre.

Altheæ. —*Marrubium vulgare ;* MARTORELL. — Selon RAMBUR, *Marrubium hispanicum.* — Elle se rencontre dès la fin de l'hiver,
au printemps et à la fin de l'été.

Lavateræ. — *Stachys recta ;* entre les feuilles qu'elle lie ; FREY.

SYRICHTHUS

Proto. — *Phlomis lychnitis ;* elle réunit les feuilles des extrémités pour
s'y loger ; mai ; DONZEL.

Sao. — *Poterium sanguisorba,* le Framboisier.

Alveus. — Vit de Graminées et de Malvacées ; MARTORELL. — *Rubus
idæus,* RAMBUR. — *Potentilla incana ;* ZELLER.

malvæ.—*Fragaria vesca ;* avril. —*Rubus fruticosus* et *R. idæus ;* MER
RIN.— *Potentilla,* Fraisier des bois, *Comarum palustre ;* ZELLER.

NISONIADES

Tages. — *Eryngium campestre, Lotus corniculatus ;* mai, juin et
septembre ; OCHSENHEIMER.

HESPERIA

thaumas. — *Aira montana* et plusieurs Graminées ; Juin, juillet, août
et septembre. — Juin ; BERCE.—En mai et juillet ; Alph. DUBOIS.

lineola. — Les Graminées ; dans les lieux secs et arides ; juin.

Actæon. — *Calamagrostis epigeios ;* juin ; MERRIN.

sylvanus. — *Triticum repens ;* hiverne et se métamorphose en mai ;
FREYER. — *Festuca, Poa, Avena* et *Holcus ;* FREY.

Comma. — *Coronilla varia ;* à acquis toute sa taille vers le milieu de
juillet. — *Coronilla varia, Hippocrepis comosa* et sur diverses
Graminées ; mai et juillet ; Alph. DUBOIS.

CYCLOPIDES

Morpheus. — Graminées dans les bois ; mai et juin.

CARTEROCEPHALUS

Palæmon.—*Plantago major ;* passe l'hiver et se chrysalide, courant avril.

HETEROCERA

SPHINGES

ACHERONTIA

Atropos. — *Solanum tuberosum, S. dulcamara, Lycium barbarum, L. europæum, Amomum, Datura stramonium, Evonymus europæus, Pyrus malus, Jasminum fruticans, J. officinale, Cannabis sativa, Faba vulgaris;* mi-juillet jusqu'en octobre.

SPHINX

convolvuli. — Les *Convolvulus*, particulièrement l'*arvensis*, l'*Ipomea coccinea, Convolvulus tricolor;* juin, juillet, août et septembre.

ligustri. — *Ligustrum vulgare, Syringa vulgaris, Fraxinus excelsior, Viburnum tinus,* quelquefois *Nerium oleander, Sambucus nigra, Spiræa aruncus;* depuis fin juillet jusqu'en septembre.

pinastri. — Différentes espèces de *Pinus;* juin, juillet, août et septembre. — Seulement août et septembre; BERGE.

DEILEPHILA

vespertilio. — *Epilobium angustifolium, Galium verum;* juillet et fin septembre.

hippophaës. — *Hippophae rhamnoides, Epilobium angustifolium;* juin, juillet, août et septembre.

zygophylli. — *Zygophyllum fabago.*

galii. — *Rubia tinctorum, Galium verum, Epilobium palustre* et *E. hirsutum,* les *Escalonia;* en juin et en juillet. — Alph. DUBOIS, ajoute *Euphorbia cyparissias;* depuis juillet jusqu'en septembre.

tithymali. — *Euphorbia paralias;* en captivité *E. cyparissias;* pendant une grande partie de l'année.

euphorbiæ. — Les *Euphorbia Gerardiana, cyparissias, esula, paralias;* juin, juillet et août.

Nicæa. — Plusieurs *Euphorbia*, principalement l'*esula*, *characias* et *pinifolia*; juillet et septembre. — *Euphorbia peplis*, *pilosa*, *nicæensis* et *serrata*; Boisduval et Guénée.

Dahli. — *Euphorbia paralias*, *E. myrsinites*, etc., au bord de la mer, jamais dans l'intérieur des terres ni dans les montagnes; mai et juin, septembre et octobre.

Livornica. — Polyphage, *Galium verum*, les *Rumex*, les *Linaria*, *Sonchus arvensis*, *Vitis vinifera*, les *Fuchsias*; se transforme vers la fin de juillet.

celerio. — *Vitis vinifera*, *Galium verum*, *Ampelopsis hederacea*, et aussi, selon Freyer, *Daucus carota*; juin, août et septembre.

Alecto. — Dans l'Inde, la chenille est commune sur différentes espèces de vignes.

elpenor. — *Epilobium palustre* et *E. hirsutum*, *Polygonum persicaria*, *Vitis vinifera*, *Galium verum* et *G. aparine*; fin juillet à mi-septembre.

porcellus. — *Galium verum*, *Epilobium angustifolium*; juillet et août. — Je l'ai nourrie avec le *Galium mollugo*.

nerii. — *Nerium oleander*, *Vinca minor*; à la fin de l'été et à l'automne.

SMÉRINTHUS

tiliæ. — *Ulmus campestris*, *Tilia europæa*, quelquefois *Æsculus hippocastanum*; milieu août jusqu'à la fin de septembre.

quercus. — *Quercus ilex* (et aussi, selon Boisduval et Guénée, *Quercus robur* et *Q. austriaca*;) est fort délicate; fin juillet jusqu'en septembre.

ocellata. — Les *Salix babylonica*, *alba*, *vitellina*, *Persica vulgaris*, *Amygdalus communis*, *Pyrus malus*, les *Populus nigra*, *tremula* et *fastigiata*, *Prunus spinosa*; se chrysalide courant juillet.

populi. — Différentes espèces de *Populus* et de *Salix*, *Betula alba*; juillet, septembre et octobre.

tremulæ. — *Populus tremula*, *Populus fastigiata*. — Selon Fischer, vit exclusivement sur le *Populus tremula*.

PTEROGON

œnotheræ. — Les *Epilobium rosmarinifolium*, *roseum* et *montanum*, *Œnothera biennis*; se métamorphose en juillet et août.

Gorgon. — Plusieurs espèces de *Galium*.

MACROGLOSSA

stellatarum. — *Galium mollugo ;* mai et août.

croatica. — *Asperula calabrica ;* DAHL. — *Scabiosa cephalaria ;
S. centaureoides,* certaines *Centaurées.* — Commencement
juillet à mi-août ; MILLIÈRE.

bombyliformis. — Plusieurs *Lonicera, Galium verum, Scabiosa
succisa ;* juillet et août.

fuciformis. — Les *Scabiosa succisa, sylvatica, columbaria, arvensis,
Lychnis dioica ;* juin, juillet, septembre et octobre.

TROCHILIUM

apiforme. — Dans les tiges ou dans les racines des *Salix* et des *Populus ;*
mars et avril.

craboniforme. — Intérieur des *Saules, Salix caprea, etc.;* mars et
avril.

melanocephalum. — Tronc du *Populus tremula ;* vit deux ans, se transforme en avril ou mai.

SCIAPTERON

tabaniforme. — Tronc du *Betula alba, Populus nigra* et *P. tremula,*
sous l'écorce et dans les racines ; se transforme en mai ou au
commencement de juin.

(Var.) rhingiiforme. — Le papillon a été pris sur le *Sambucus ebulus,*
STEFANELLI, ce qui fait croire que la chenille s'y trouverait.

SESIA

scoliæformis. — Troncs pourris du *Betula alba* et *Alnus viscosa ;* BERCE ;
passe deux hivers, se transforme ordinairement en mai. — Juin ;
STAUDINGER.

spheciformis. — Troncs abattus de l'*Alnus incana* et *A. glutinosa*
(peut-être même dans le *Betula alba ;* STAUDINGER). — Avril ;
MERRIN. — Passe deux hivers.

cephiformis. — L'abbé FETTIG croit qu'elle doit vivre dans les tiges ou
les racines des *Rubus.* — *Pinus abies ;* OCHSENHEIMER.

tipuliformis. — Intérieur des *Ribes rubrum, nigrum* (et aussi des
Corylus avellana, selon Alph. DUBOIS). — Vit en été et en automne ; se métamorphose vers le 20 avril.

conopiformis. — Les vieilles souches de *Quercus robur ;* se transforme
vers le 20 mai.

asiliformis. — Troncs du Bouleau et du Peuplier d'Italie ; en septembre.
— Dans les gros troncs et les vieilles souches de *Quercus robur*
et souvent dans les excroissances malades ; passe deux hivers,
selon Berce. — Se chrysalide en mai et commencement juin ;
Staudinger.

myopæformis. — Troncs des *Pyrus malus* vieux ; passe deux hivers ;
Staudinger. — *Pyrus communis*, *Prunus domestica*, *Cra-*
tægus oxyacantha, dans les tiges ; Merrin. — Se métamorphose en juin.

typhæformis. — Troncs et rameaux du *Pyrus malus ;* se transforme en
chrysalide commencement de juin ; Staudinger. — Passe deux
hivers.

culiciformis. — Dans l'écorce du *Prunus domestica* et du *Pyrus malus*.
— Selon d'autres auteurs, la chenille vivrait dans le tronc et les
branches du *Betula alba* et très rarement *Alnus viscosa*. — Ne
asse qu'un hiver, se transforme fin avril ou mai.

formicæformis. — Troncs et racines des *Salix alba, triandra* et *vimi-*
nalis; rarement sur le premier ; se chrysalide en mai, juin ou
juillet ; passe deux hivers. — Selon Staudinger, elle ne passerait
qu'un hiver.

ichneumoniformis. — Les gros troncs et les vieilles souches de *Quercus*
robur et souvent dans les excroissances malades ; passe deux
hivers ; la chenille a toute sa taille dans les vingt premiers jours
d'avril.

empiformis. — Passe deux hivers ; vit dans les racines de l'*Euphorbia*
cyparissias, y pénètre par les tiges endommagées ; se transforme
en mai (en juin ; Staudinger).

muscæformis. — Tiges du *Statice armeria ;* juillet et septembre ; Merrin.

affinis. — Dans les racines de l'*Helianthemum ;* vit tout l'été et jusqu'à
novembre ; Martorell.

leucopsiformis. — Vit dans les racines d'*Euphorbia* et hiverne probablement deux fois.

anthraciformis. — *Euphorbia myrsinites ;* Rambur.

chrysidiformis. — Racines de l'*Artemisia campestris* et de l'*Heli-*
chrysum ; Graslin. — *Rumex crispus ;* P. Mabille. — Avril ;
Merrin.

BEMBECIA

hylæiformis. — Intérieur des jeunes branches du *Rubus idæus;* Laspeyres
et *Rubus fruticosus ;* Huener. — Se transforme en mai ou juin.
— Racines, passe sûrement un hiver; Staudinger.

PARANTHRENE

tineiformis. — Selon Adrien de Villiers, vivrait dans les tiges de
l'*Echium vulgare.*

THYRIS

fenestrella. — *Clematis vitalba;* juillet, août et septembre. — Le *Sambucus* et peut-être les *Lactuca;* Martorell. — Dans les tiges de
Sambucus ebulus et *S. nigra,* et aussi *Arctium lappa;* Ochsenheimer.

diaphana. — Tiges des *Phaseolus ;* Boisduval et Guénée; quelquefois
même entre les feuilles de cette plante.

HETEROGYNIS

penella. — Les *Genista puryans, scoparia* et *sagittalis ;* surtout cette
dernière espèce. — *Ulex;* Martorell. — A toute sa taille en mai.
paradoxa. — Sur un *Genista;* avril, mai, juin.

AGLAOPE

infausta. — *Prunus spinosa, Cratægus oxyacantha, Amygdalus
communis, Armeniaca vulgaris* et autres arbres fruitiers; mai.

INO

pruni. — *Prunus spinosa, Quercus robur, Cratægus oxyacantha.
Calluna vulgaris;* mai.
chloros. — *Globularia vulgaris* et sur différentes plantes basses; mai.
globulariæ. — *Globularia vulgaris* et sur différentes plantes basses; mai.
statices. — *Rumex acetosa, Globularia vulgaris* et plusieurs plantes
basses.
(Var.) micans. — Berce en fait une espèce distincte. Staudinger la
regarde comme une synonymie du *I. statices.* — La chenille du
I. micans vit, selon E. Martin, sur le *Cistus salviæfolius ;* en
mars et avril.
Geryon. — *Helianthemum vulgare;* mai.

ZYGÆNA

Erythrus. — *Thymus serpyllum*. — *Eryngium campestre;* Donzel. — A tout son développement fin mai ou les premiers jours de juin.

pilosellæ. — *Trifolium montanum; Hippocrepis comosa, Lotus corniculatus*. — *Eryngium campestre;* Millière. — Mai et juin.

(Var.) **nubigena**. — Merrin ne mentionne que le *Thymus serpyllum;* Juillet; passe l'hiver, se chrysalide en mai.

scabiosæ. — Sur le *Trifolium* et plusieurs autres Légumineuses herbacées; en mai et juin.

Sarpedon. — *Eryngium campestre* et *E. maritimum, Dorycnium suffruticosum;* avril, mai et juin. — Mars et avril; Rambur.

Contaminei. — Sur les *Eryngium*.

achillæ. — *Lotus corniculatus, Trifolium, Hippocrepis*. — *Onobrychis sativa, Astragalus glycyphyllos;* Donzel. — Mai et juin.

exulans. — Les *Lotus* et d'autres plantes basses.

corsica. — *Santolina incana*, Bruyères; au printemps; Rambur.

meliloti. — *Lonicera, Lotus corniculatus*, plusieurs espèces de *Trifolium, Vicia;* juin; Merrin.

Charon. — Chenilles sur les *Lotus*.

trifolii. — *Lotus corniculatus, Trifolium procumbens, Hippocrepis comosa, etc.;* mai.

loniceræ. — *Lotus corniculatus, Trifolium, Hippocrepis comosa:* prairies humides, allées ombragées; avril et mai.

stæchadis. — *Dorycnium suffruticosum;* ont tout leur développement à la mi-juin.

filipendulæ. — *Spiræa filipendula, Trifolium, Veronica, Hieracium pillosella, Taraxacum dens-leonis, Briza minor;* se métamorphose vers la mi-mai.

angelicæ. — *Trifolium montanum;* Ochsenheimer.

transalpina. — *Hippocrepis comosa, Astragalus glycyphyllos, Lotus corniculatus;* mai et juin; Boisduval.

ephialtes. — *Peucedanum officinale, Trifolium pratense, Hippocrepis comosa, Lotus corniculatus* et *L. siliquosus, Coronilla varia, Medicago falcata;* en mai. — Mai et juin; Boisduval.

lavandulæ. - *Dorycnium suffruticosum;* éclôt en septembre, atteint toute sa grosseur mars ou avril.

Rhadamanthus. — *Dorycnium suffruticosum;* février.

hilaris. — Les *Ononis*; juin. — *O. natrix* et *O. arvensis* dans les Basses-Alpes; DONZEL.

bætica. — *Coronilla juncea;* avril et septembre; RAMBUR.

fausta. — *Ornithopus perpusillus, Coronilla minima, Hippocrepis comosa, Genista juncea;* juin.

carniolica. — *Hedysarum onobrychis, Astragalus glycyphyllos, Dorycnium suffruticosum;* mai. — *Lotus corniculatus;* BOISDUVAL.

occitanica. — *Dorycnium suffruticosum (D. monspeliense;* RAMBUR). juin et juillet. — En Espagne la transformation a lieu en mai; MARTORELL.

SYNTOMIS

Phegea. — *Rumex acetosa* et autres, *Plantago lanceolata, Scabiosa succisa, Taraxacum dens-leonis;* Mars et avril. — Selon OCHSENHEIMER on la nourrit en captivité avec le *Prunus padus*.

NACLIA

ancilla. — Les Lichens tels que les *Parmelia parietina, caperata, olivacea* et sur la *Jungermannia complanata;* Alph. DUBOIS; mai et juin; se chrysalide dans un léger tissu.

punctata. — Les Lichens: *Lecanora* et le *Parmelia;* passe l'hiver, se chrysalide mai.

SARROTHRIPA

undulana. — *Salix caprea;* fin juin et juillet; vit sur le Chêne et les Saules; le Chêne donnerait le type. — La *var. degenerana*, semble provenir du *Salix caprea;* DE PEYERIMHOFF. — Se tient à l'extrémité des rameaux dans un paquet de feuilles fortement liées.

EARIAS

chlorana. — Différentes espèces de *Salix;* a toute sa taille fin juillet-commencement août. — Du 15 août jusqu'en octobre; DE PEYERIMHOFF.

HYLOPHILA

prasinana. — *Fagus sylvatica, Betula alba, Alnus glutinosa, Quercus robur;* a toute sa taille en août, septembre et octobre.

bicolorana. — Plusieurs espèces d'arbres, mais principalement le *Quercus robur;* passe l'hiver; a toute sa taille vers le milieu de mai.

NYCTEOLA

togatulalis. — Sur les Lichens des arbres et des rochers ; au printemps.

cucullatella. — *Prunus spinosa, Cratægus oxyacantha, Sorbus aucuparia;* mai.

strigula. — Se nourrit de préférence du Lichen des Chênes ; fin mai, commencement de juin.

confusalis. — *Quercus robur, Mentha aquatica ;* fin mai, commencement de juin.

thymula. — *Thymus vulgaris;* P. MILLIÈRE ; a son entier développement vers la fin de mai.

chlamydulalis. — Fleurs et graines d'*Odontites lutea* et dans les fleurs des *Scabiosa;* juin et juillet. — D'autres auteurs disent que la chenille éclôt courant septembre, et que quinze ou dix-sept jours lui suffisent pour acquérir son entier développement.

albula. — On présume *Mentha aquatica.* — *Rubus cæsius;* BUCKLER.

cristatula. — Chen. sur le *Quercus robur* et la *Mentha aquatica.*

NUDARIA

senex. — Lichens des marais et fondrières ; mai et juin; MERRIN.

mundana. — Sur les vieux murs en pierres sèches ; juin.

murina. — Lichens des pierres ; avril mai, juin et juillet.

CALLIGENIA

miniata. — Les Lichens des arbres ; se métamorphose courant mai.

SETINA

irrorella. — Lichens des arbres et des pierres : *Parmelia parietina, P. olivacea, Cetraria prunastri, Lotus corniculatus* avec lequel on l'élève très bien en captivité et sur lequel elle vivrait selon BOISDUVAL ; mai.

aurita. — Elle ne paraît vivre que de divers Lichens qui croissent en abondance sur les rochers, on la nourrit avec la *Peltigera canina;* se chrysalide en août.

mesomella. — Vit de Lichens, il faut la chercher pendant le jour au pied des *Quercus robur,* dans les feuilles sèches, endroits chauds, août à mai ; MERRIN.

LITHOSIA

muscerda. — Lichens des Frênes; mai et juin. — Lichens des Saules dans les marais ; MERRIN.

griseola. — Lichens sur *Prunus spinosa*, *Quercus robur*, *Salix*, etc.; août et juin ; MERRIN.

deplana. — Paraît vivre sur les Lichens qui croissent sur les Pins et les Sapins. — Juin ; MERRIN.

lurideola. — Après les pluies dans les bois sur les écorces des *Quercus robur* ; avril, mai.

complana. — Lichens des *Quercus robur*, *Prunus spinosa*, *Berberis vulgaris*, *Spartium scoparium*; se métamorphose entre la mi-mai et le commencement de juin.

sericea. — Probablement sur les Lichens des Bruyères ; juin.

caniola. — Lichens sur les tuiles des vieux toits; mars, avril et mai; fin juillet, commencement août sur les vieux murs. — Selon moi, elle aurait deux époques.

unita. — Sur les Lichens de différents arbres et des rochers en montagnes, *Genista purgans;* juin, juillet, août.

lutarella. — *Lichen fusco-ater;* DOUBLEDAY. — Avril à juin ; MERRIN.

sororcula. — *Abies excelsa*, *Pinus sylvestris ;* OCHSENHEIMER. — Lichens des arbres; BERCE. — Passe l'hiver, se chrysalide en mai. — Sur les Lichens du *Quercus robur*, *Larix europæa ;* MERRIN.

GNOPHRIA

quadra. — *Betula alba*, *Castanea vulgaris*, *Quercus robur*, dont elle mange les lichens. — Ch. DUBOIS ajoute : *Fagus sylvatica*, *Quercus sessilifolia* et *Q. pedunculata*, *Tilia europæa* sauvage, *Pinus sylvestris;* mai ou juin. — *Carpinus betulus*, et quelquefois aussi sur les arbres fruitiers.

rubricollis. — *Lichen pulmonarius*, *L. olivaceus*, Lichens des murailles, *Jungermannia complanata;* a toute sa taille courant octobre. — Juin et juillet ; DONZEL.

EMYDIA

striata. — *Artemisia vulgaris* et *A. campestris*, *Galium verum*, *Hieracium pilosella*, *Erica vulgaris*, *Festuca duriuscula*, *Lamium album*, *Prunus spinosa*, *Urtica;* particulièrement dans les clairières des bois. — La chenille se montre dès les premiers jours d'avril et a acquis toute sa taille fin mai à commencement de juin.

bifasciata. — Polyphage ; aime surtout les Graminées, les Chicoracées ; mai, juin, juillet et août.

cribrum. — *Artemisia vulgaris* et *A. campestris, Galium verum, Hieracium pilosella, Erica vulgaris, Festuca duriuscula, Lamium album, Prunus spinosa, Urtica;* a toute sa taille en mai et juin.

DEIOPEIA

pulchella. — *Heliotropium europæum, Myosotis arvensis, Solanum nigrum.* — J'ai trouvé la chenille commencement juin et commencement octobre.

EUCHELIA

jacobeæ. — *Senecio vulgaris;* depuis juillet jusqu'en octobre.

NEMEOPHILA

russula. — *Scabiosa succisa, Taraxacum officinale, Plantago lanceolata, Cynoglossum officinale, Hieracium umbellatum* et *H. sylvaticum, Alsine media, Lactuca;* hiverne; a toute sa taille en mai.

plantaginis. — *Plantago lanceolata, Lychnis dioica, Silene noctiflora;* en captivité, *Lactuca sativa;* commencement mai et en août.

CALLIMORPHA

dominula. — Chenille sur un grand nombre de plantes basses et quelquefois sur les jeunes arbustes; on l'élève très bien avec des Borraginées et même avec de la Laitue; passe l'hiver et a toute sa taille en mai.

hera. — *Cynoglossum officinale, Quercus robur, Fagus sylvatica, Salix alba, Pyrus malus, Ribes uva crispa, Rubus idæus, Spartium scoparium, Sisymbrium officinale, Trifolium, Plantago, Urtica, Epilobium, Lactuca;* à toute sa taille fin mai, juin.

PLERETES

matronula. — *Corylus avellana, Tilia europæa, Rhamnus cathartica* et *R. frangula, Cerasus padus, Plantago major, Artemisia vulgaris, Hieracium umbellatum, Viola tricolor, Lactuca.* — *Cynoglossum officinale;* Bruand. — Passe deux fois l'hiver.

ARCTIA

Caja. — Polyphage: *Urtica, Lamium, Euphorbia,* les *Chicoracées,* etc.

Se chrysalide en mai, après avoir passé l'hiver ; seconde génération en juillet, août.

Flavia. — *Le papillon n'éclôt que la troisième année ; les chenilles de la seconde année périssent en captivité après avoir passé l'hiver ; mais en les élevant* ab ovo, *on réussit très bien ; en captivité, elles refusent toute nourriture, excepté le* Taraxacum officinale. *A l'état libre, elles s'accommodent d'un grand nombre d'autres plantes, notamment l'*Aconitum napellus; *il ne faut jamais leur présenter des feuilles fraîches, ce qui les ferait mourir en peu de temps, mais des feuilles que l'on a laissé faner douze à vingt-quatre heures ; le soleil et la pluie ne doivent pas leur être favorables, car elles sont toujours à l'abri dans la nature. On trouve en même temps, tout le mois de juillet et le mois d'août, le papillon, la chrysalide et la chenille, à 1.800 jusqu'à 2.000 mètres au-dessus du niveau de la mer. C'est à M. Rodolphe* ZELLER-DOLDER, *entomologiste savant et zélé, que je dois ces précieux renseignements.*

Villica. — *Ulmus campestris, Alsine media, Achillea millefolium, Spinacia oleracea, Urtica, Genista ;* passe l'hiver ; a toute sa taille fin avril, mai.

pupurata. — *Spartium scoparium, Ulmus campestris, Quercus robur, Carpinus betulus, Pyrus malus, Prunus cerasus, P. domestica, Vitis vinifera, Ribes uva crispa, Lamium album, Galium verum* et *G. mollugo, Anchusa officinalis, Cynoglossum officinale, Plantago major, Alsine media ;* avril et juin.

fasciata. — Polyphage : *Syringa vulgaris, Euphorbia oleæfolia ;* mai et juin. — En avril, atteint toute sa grosseur; DONZEL.

Hebe. — *Achillea millefolium, Artemisia, Medicago, Cynoglossum officinale, Euphorbia cyparissias, Lactuca, Senecio vulgaris. Taraxacum dens-leonis, Alsine media, Onopordun acanthium,* les *Pisum ;* passe l'hiver et se métamorphose, avril et mai.

aulica. — *Achillea millefolium, Cynoglossum officinale, Galium aparine, Alsine media, Lamium album, Urtica urens.* — Je pense qu'il faut la rechercher en avril et mai comme la *Civica (Maculania).*

maculania. — *Achillea millefolium, Plantago major, Lamium album, Alsine media, Lysimachia vulgaris ;* est polyphage, mais elle préfère les *Luzula*, *Rumex acetosella* ; en captivité *Cichorium intybus* ; à toute sa taille fin avril, commencement de mai.

maculosa. — *Galium aparine.*

casta. — *Asperula cynanchica*, *Galium mollugo* ; juin et juillet. — *H. pilosella;* Bruand.

Latreillei. — *Plantago lanceolata;* est polyphage : *Genista hispanica,* les Chicoracées, les *Picris stricta* et *P. hieracioides;* juin, juillet et août. — *Plantago psyllium;* Martorell.

Cervini. — *Geum montanum;* en captivité : *Rumex, Alsine, Plantago,* etc.; se rencontre toute la belle saison.

spectabilis. — Doit être polyphage; elle semble préférer les *Artemisia.* — Cette espèce est figurée à l'état de larve dans Menethries.

EUPREPIA

pudica. — *Briza media* et *B. minor;* on la nourrit très bien avec le *Poa annua;* parvient à toute sa taille fin avril. Il faut bien se garder de déranger les chenilles, sous peine de ne pas obtenir l'insecte parfait.

rivolaris. — Vit uniquement de Graminées; Rambur. — Selon Lederer, elle vivrait en été de Graminées desséchées.

OCNOGYNA

corsica. — Est polyphage; a toute sa croissance à la fin de l'hiver; se récolte en mai.

bætica. — Plantes herbacées; a pris tout son accroissement vers la fin de l'hiver. — En captivité : *Plantago* et *Taraxacum.* — Reste souvent deux ans en chrysalide; Oberthur.

parasita. — Plusieurs Graminées, *Gentiana lutea;* Millière ; fin juillet. — Mange les feuilles, atteint en peu de jours son entier développement; se transforme commencement août dans la mousse.

hemigena. — Plantes herbacées; est polyphage; en captivité s'accommode très bien de *Plantago lanceolata;* parvient à toute sa grosseur au mois d'août.

zoraida. — Polyphage; l'insecte parfait paraît en mai.

Lœvii. — Dans les dunes des bords de la mer, réunies en société; Lederer.

SPILOSOMA

fuliginosa. — *Rumex acetosa* et *R. patientia, Geum urbanum, Brassica* *rapa* et *B. napus*, *Plantago major*, *Epilobium*, *Urtica urens*, *Evonymus europæus*, *Rubus fruticosus*, *R. idæus*, *Ribes uva-crispa*, *Lamium album;* en été et à la fin de l'automne, et souvent même pendant l'hiver.

luctifera. — *Plantago lanceolata*, *Scabiosa columbaria*, *Hieracium pilosella*, *Cynoglossum officinale*, *Veronica*, *Taraxacum officinale*, *Alsine media*, *Gnaphalium arenarium*, *Delphinium Ajacis;* mai et septembre. — Je l'ai toujours trouvée en juillet et août, puis octobre et novembre.

sordida. — Sur les plantes basses, principalement les *Plantago, Rumex, Scabiosa*, sous les herbes et les pierres pendant le jour; juin, juillet.

mendica. — *Plantago lanceolata, Taraxacum officinale, Rumex acetosa, Urtica, Lamium album, Balsamita major:* se métamorphose en juillet et août.

lubricipeda. — *Sambucus nigra, Rubus idæus, Hieracium pilosella, Epilobium, Urtica ;* depuis juillet jusqu'en octobre.

menthastri. — *Mentha sylvestris, Polygonum persicaria* et *P. hydro piper, Nepeta cataria, Balsamita major, Lamium album, Urtica;* depuis la fin de juillet jusqu'en octobre.

urticæ. — Plusieurs plantes aquatiques : MARSHAM. — Plantes basses; est polyphage; août et septembre. — *Mentha sylvestris, Menyanthes trifoliata, Nepeta cataria, Polygonum persicaria*, les *Plantago, Rumex aquatica, Carex*, etc.: Ch. DUBOIS.

HEPIALUS

humuli. — Racines de *Humulus lupulus*, peut être *Bryonia dioica;* se chrysalide fin avril. — *Arctium lappa;* BARDANE. — *Urtica;* MERRIN.

sylvinus. — Racine de *Rumex;* vit deux ans; juillet; MERRIN.

Velleda. — Racines de *Pteris aquilina;* depuis août à avril; MERRIN.

lupulinus. — Les *Daucus*, les *Bryonia*, les *Valeriana* (*Plantago major, lanceolata, Triticum vulgare* et *repens, Humulus lupulus;* Ch. DUBOIS); Racines des Orties languissantes; MERRIN. — Éclôt à la fin de l'été, passe l'hiver et est parvenue à toute sa taille fin mars-commencement avril. — Selon RASPAIL, racines de différentes plantes basses à une profondeur de 6 à 8 centimètres.

hecta. — *Erica vulgaris*. — Racines de *Pteris aquilina;* vit deux ans, se chrysalide en mai et juin ; MERRIN. — Racines de *Primula, Rumex*, Bruyères et froment ; FREY.

COSSUS

cossus. — *Quercus robur, Betula alba, Ulmus campestris, Populus, Salix;* j'en ai trouvé beaucoup dans les Cognassiers ; en captivité on les élève très bien avec des pommes pourries ; juin et juillet.

Terebra. — *Populus nigra* et *P. tremula ;* OCHSENHEIMER.

ZEUZERA

pyrina. — *Æsculus hippocastanum, Ulmus campestris, Tilia europæa, Pyrus malus, Sorbus aucuparia, Corylus avellana, Ilex aquifolium.* — D'après LE ROI, la chenille ne vivrait dans le Nord que dans le tronc du *Fraxinus excelsior.* — En septembre ; se chrysalide l'été de l'année suivante.

PHRAGMATŒCIA

castaneæ. — Vit dans les tiges d'*Arundo phragmites.*

HYPOPTA

thrips. — Les racines de diverses plantes basses ; EVERSMANN.

cœstrum. — *Celtis australis;* DAUBE.

STYGIA

australis. — Tiges et racines des *Echium italium, violaceum* et *vulgare.* — Adrien de VILLIERS prétendait que la chenille vivait dans les tiges du *Morus alba.* — Mai.

HETEROGENEA

limacodes. — *Quercus robur, Fagus sylvatica, Castanea vulgaris;* fin de l'été ; se chrysalide avant l'hiver. — *Arbutus unedo ;* septembre à mai ; MARTORELL.

asella. — *Prunus spinosa* et *Populus*, selon GODART. — Probablement aussi sur le *Quercus robur ;* BERCE. — Août et septembre; MERRIN.

PSYCHE

unicolor. — Se nourrit de diverses Graminées, principalement *Poa annua* et *P. trivialis ;* contre les arbres, les murs, les barrières, les rochers ; avril et mai.

villosella. — Ordinairement sur la Bruyère, le Prunellier et, dit Dou-
BLEDAY, sur le Saule; à toute sa taille en novembre, passe l'hiver
et ne se transforme qu'en avril.

febretta. — Les *Scorzonera*, dès les premiers jours du printemps;
BRUAND; éclôt en août le matin entre sept et huit heures,
sur les *tiges fraîches du blé*; a toute sa taille commencement
juillet.

viciella. — Fourreau composé de pailles courtes placées transversalement,
et entrelacées avec régularité.

Constancella. — *Vicia sepium;* je l'ai toujours élevée avec le *Poa annua;*
se chrysalide du quinze au trente mars.

apiformis. — *Rubus fruticosus;* OCHSENHEIMER. — *Vicia;* BRUAND;
Berberis vulgaris; LEDERER. — Je l'ai nourri avec a *Vicia
sepium.* — Commencement de mars, avril. — Semble ne vivre
que de graminées; RAMBUR.

præcellens. — *Erica arborea;* mai; STAUDINGER.

Graslinella. — Est polyphage et vit sur diverses plantes basse; a toute
sa taille en mars ou en avril. — Vit deux ans, d'après HEYLAERTS
DE BRÉDA, sur les *Salix alba, caprea, etc., Calluna vulgaris*
et diverses Graminées.

Opacella. — Trouvée dans un bois de Sapins, la chenille se nourrit-elle de
cette essence? au printemps. — Sur les troncs de Sapins tombés;
MERRIN. — Pour moi, je crois cette espèce polyphage; se prend
contre le tronc des arbres. — Se fixe, en avril contre, les Chênes
et autres arbres près du sol, doit vivre de Graminées; HOFMANN.

Zelleri. — Fourreaux trouvés sur des buissons qui rampent et qui végètent
sur une pelouse sèche, près d'une montagne.

Pyrenella. — Fourreau ressemblant un peu à celui du *P. plumosella;*
comme lui, forme presque globuleuse, mais pailles très grêles,
implantées plus à angle droit, leur base est garnie de soie, il
forme davantage la pelotte.

albida. — *Poa trivialis* dans les localités montagneuses. Je l'ai trouvée
dans des localités arides, même en plaine et sur diverses Graminées; mars, avril, mai et juin.

Millierella. — Je ne l'ai jamais trouvée avec le type; vit aussi de Graminées.

Lorquinella. — Lieux incultes; le fourreau est composé de brins d'herbe
et de mousse; la chenille vit sur les Graminées; MILLIÈRE.

Leschenaulti. — Ne se nourrit que de Graminées ; passe l'hiver en mars et avril, se fixe pour se chrysalider.

malvinella. — Se nourrit de plantes basses principalement d'un *Erodium;* fin janvier commencement avril.

quadraugularis. — *Alhagi persarum, A. camelorum, Peganum harmala* et une *Artemisia;* se sont fixées commencement juillet.

atra. — *Festuca ovina* et *F. elatior, Tussilago alpina;* OCHSENHEIMER. — Je l'élève facilement avec les *Poa annua* et *P. trivialis;* fin mai- commencement juin.

vesubiella. — Vit de Graminées se fixe du quinze au vingt-cinq juillet; MILLIÈRE.

Schiffermuelleri. — Graminées. — Suivant quelques auteurs sur le *Tussilago alpina;* avril et mai. — Vit deux ans, selon BRUAND.

Muscella. — Se nourrit de Graminées : *Festuca ovina, Brachypodium pinnatum,* etc.; mars et avril; se fixe près du sol la tête en bas et cachée dans les herbes; HOFMANN.

fulminella. — Fourreau, forme de petites feuilles sèche de *Buxus* et de *Quercus coccifera :* doit vivre de Graminées; MILLIÈRE.

Silphella. — A toute sa taille à la fin de mars; se nourrit de *Plantago. Rumex, Dorycnium;* MILLIÈRE.

mediterranea. — *Thymus Serpyllum,* endroits pierreux et rocailleux, au pied de la plante près de la racine.

Goudebautella. — Vit de Graminées; en captivité, je l'élève facilement avec les *Poa annua* et *trivialis;* passe l'hiver ; on la prend en février et se chrysalide commencement de mars.

plumifera. — Fourreau médiocrement allongé, brun, formé d'esquilles et de parcelles de mousse, sur les collines sèches et arides; février et mars.

plumistrella. — Fourreau revêtu de pailles courtes et ne se prolongeant qu'au tiers de sa longueur, les deux autres tiers sont recouverts de grains de sable fin, serré et brun.

tenella. — D'après la conformation du fourreau, doit vivre de Graminées; fourreau formé de parcelles de micaschiste et de quartz.

hirsutella. — Sur les arbres forestiers, dans les bois; très abondant en automne, l'est beaucoup moins après l'hiver ; préfère le Chêne et le Noisetier; se récolte en avril et mai, éclot en juin.

Standfusii. — Fourreau fait de pailles courtes disposées transversalement,

EPICHNOPTERYX

bombycella. — Se tient tout près du sol, dans les prés humides, sur la mousse, dans les localités exposées du nord au couchant ; mars et avril. L'éclosion se fait en mai, le soir avant la tombée de la nuit, du moins c'est ce qui a lieu en captivité.

pulla. — Vit de Graminées ; pas rare dans les prairies surtout en montagnes ; avant l'époque de la chrysalidation, se tient dans l'herbe à 5 ou 6 centimètres du sol ; a toute sa grosseur fin avril.

Tarnierella. — Sur les Peupliers moussus et chargés de Lichens. — La chenille, m'écrit M. HEYLAERTS DE BRÉDA, vit comme le *Pulla* parmi et sur les Graminées, sur les pentes du côté du midi, de dix heures à quatre heures et jamais sur le tronc des arbres.

Sieboldii. — La chenille doit se nourrir de Graminées ; le fourreau ressemble à celui des *Pulla*, formé de tiges d'herbes sèches appliquées les unes contre les autres.

helix. — Il faut récolter les fourreaux contre les rochers ; mai.

helicinella. — Semble polyphage ; vit surtout de *Lavandula, Thymus, Teucrium* et *Cistus ;* mai, juin, commencement juillet. — Le fourreau a la forme d'une petite hélice subconique présentant à peu près trois tours de spire ; il est composé de grains de sable et de terre.

FUMEA

pectinella. — Graminées basses ; avril.

nudella. — Fourreau conique d'une teinte un peu sombre ; la chenille habite les côtes rocailleuses et montagneuses ; vit de Graminées tendres, se tient sur la mousse toujours près du sol ; avril, mai, juin.

intermediella. — Se trouve contre les arbres, les barrières, sur les buissons, etc. ; avril et mai.

affinis. — La chenille est à toute sa taille à la fin de mai ; le genre de vie est le même que celui de l'*Intermediella ;* HOFMANN.

crassiorella. — Mange les Plantains en mars ; MARTORELL. — La chenille, après avoir hiverné, paraît dès les premiers beaux jours du printemps, au pied des rochers tournés au levant ou au midi et contre les vieux murs couverts d'herbes et de ronces ; se chrysalide en mai.

betulina. — Chenille sur les vieilles barrières en chêne et contre les troncs de Peuplier ; fourreau recouvert de débris ligneux et de petites parcelles d'écorce. — Se rencontre aussi, dit HEYLAERTS, sur les Frênes, les Chênes, etc. — D'éducation difficile ; fin mai, on trouve les fourreaux chrysalidés ; les chenilles se nourrissent de Lichens. — Je l'ai toujours trouvée sur le tronc des *Ulmus campestris*. — Vit aussi, ajoute HEYLAERTS, d'insectes morts.

sepium. — Lichens de différentes espèces qui croissent sur l'écorce des arbres ; vit au delà d'une année ; se chrysalide fin juin ; le papillon éclôt quinze jours à trois semaines après.

salicicolella. — Chenille sur le Saule à lier, coteaux en vignobles ; BRUAND. — En captivité, m'écrit M. FOUCARD, ne s'élève qu'avec la *Stellaria holostea* ; en mai.

roboricolella. — Chenille sur Chêne, quelquefois sur les vieilles barrières ; en mai et commencement juin ; BRUAND.

comitella. — Sur les Salix ; a toute sa taille fin avril, commencement mai, après avoir hiverné.

subflavella. — Le fourreau a la forme de ceux des *Roboricolella* et *Comitella* ; les pailles sont plus nombreuses et moins agglomérées ; fin avril ; contre les vieilles murailles ; MILLIÈRE.

ORGYA

aurolimbata. — Différentes espèces de *Genista*, principalement le *purgans* ; se trouve aussi sur le *Salix caprea* ; fin avril, mai ; se chrysalide commencement de juin.

gonostigma. — *Quercus robur*, *Prunus domestica* et *P. spinosa*, *Alnus*, *Rubus idæus*, *Vaccinium myrtillus*, *Rosa canina*, *Cratægus oxyacantha* : mai, juillet, août, septembre et octobre.

antiqua. — *Quercus robur*, *Pyrus malus*, *Prunus domestica*, *Armeniaca vulgaris*, *Corylus avellana* ; mai, juillet, août, septembre et octobre.

rupestris. — *Statice articulata*, *Lotus creticus* et les *Genista* ; tout le mois de mai : RAMBUR.

trigotephras. — *Quercus coccifera*, *ilex*, *suber*, les *Genista* (*Coriaria myrtifolia* et le Chêne, MARTORELL) ; mai et juin.

Ramburi. — *Genista Lobelii* ; a atteint toute sa grosseur vers les premiers jours de juillet.

ericæ. — *Erica tetralix*, *Calluna*, Saule argenté ; juillet.

dubia. — Polyphage, préfère cependant les *Genista* épineux ; a toute sa taille fin mai commencement de juin.

DASYCHIRA

fascelina. — *Prunus domestica, Rubus fruticosus*, principalement les *Genista, Trifolium, Ribes, Plantago, Fragaria vesca, Taraxacum dens-leonis, Erica vulgaris, Hippophae rhamnoides;* se métamorphose fin mai, première quinzaine de juin.

Abietis. — *Pinus picea.*

pudibunda. — *Quercus robur, Fagus sylvatica, Populus alba, Ulmus campestris, Corylus avellana, Juglans regia, Salix viminalis, Salix alba;* juillet à mi-octobre. — Fin juin ; GUÉNÉE.

LÆLIA

cœnosa. — *Phragmites* et *Carex ;* août ; MERRIN.

LARIA

L. nigrum. — *Tilia europæa, Betula alba, Quercus robur, Fagus sylvatica;* se métamorphose en juin. — DUBOIS prétend que courant avril la chenille a atteint toute sa croissance.

LEUCOMA

salicis. — *Salix* et *Populus ;* juin.

PORTHESIA

chrysorrhæa. — Arbres fruitiers et forestiers ; éclôt fin août, passe l'hiver et se chrysalide fin juin, commencement juillet.

similis. — *Quercus robur, Carpinus betulus, Ulmus campestris, Betula alba, Salix alba, Populus, Cratægus oxyacantha, Prunus spinosa;* passe l'hiver en chrysalide et subit sa métamorphose fin juin.

PSILURA

monacha. — *Pinus sylvestris* principalement, puis *Quercus robur, Betula alba, Pyrus communis, Fagus sylvatica;* fin juin, commencement juillet.

OCNERIA

dispar. — Toute espèce d'arbres fruitiers et forestiers ; se métamorphose en juillet.

Atlantica. — La chenille, dit OBERTHUR, a été élevée sur plantes basses.

detrita. — *Quercus robur* et *Q. ilex.*

rubea. — *Quercus robur*, les *Rubus*, *Arbutus unedo*, *Pistacia lentiscus*, divers *Cistus*, même les *Erica*. — BERCE ne mentionne
que les *Quercus robur* et *ilex*. — Éclôt en novembre ou en
décembre ; a toute sa grosseur fin mai, juin.

BOMBYX

Ilicis. — *Quercus ilex* et *Q. coccifera*, dont elle semble ne manger que
les parties desséchées ; RAMBUR. — Selon MILLIÈRE, elle vivrait
exclusivement de *Quercus ilex*. — Mai et juin (avril et mai ;
MARTORELL.)

cratægi. — *Cratægus oxyacantha*, *Prunus spinosa*, *Pyrus malus*,
Prunus cerasus, *Betula alba*, *Salix alba* (*Ulmus campestris*,
Salix caprea, *Populus tremula*, *Quercus robur* ; Alp. DUBOIS) ;
se métamorphose fin mai ou au commencement de juin.

populi. — *Betula alba*, *Populus tremula* et *P. nigra*, *Tilia europæa*,
Castanea vulgaris, *Quercus robur*, *Berberis vulgaris*, *Fagus
sylvatica*, *Acer platanoides*, *Quercus ilex*; se métamorphose
en mai, juin et juillet.

franconica. — *Statice limonium*, *Dorycnium suffruticosum*, les *Plantago*, les *Euphorbia ;* éclôt en février, arrive à toute sa taille les
derniers jours de mai.

alpicola. — *Rosa pimpinellifolia*, diverses *Euphorbia*, *Dorycnium
decumbens* et *D. suffruticosum ;* a son entier développement à
la fin de juin.

castrensis. — *Helianthemum vulgare* et *H. guttatum; Euphorbia
cyparissias* et *E. sylvatica*, *Centaurea jacea*, *Geranium dis-
sectum*, *Erodium cicutarium*, *Hieracium pilosella*, *Quercus
robur*, *Berberis vulgaris*, *Betula alba ;* on l'élève très bien avec
l'*Euphorbia cyparissias*. — DONZEL prétend non seulement
qu'on l'élève avec le *cyparissias*, mais qu'on l'y trouve principalement. — Sa métamorphose a lieu commencement juillet.

neustria. — Arbres fruitiers et forestiers ; a toute sa croissance en juin.

loti. — *Cistus salviæfolius;* de mai à septembre ; MARTORELL. — Fin
février et août ; RAMBUR.

Vandalicia. — Plantes basses ; très peu connue.

lanestris. — *Berberis vulgaris*, les *Prunus spinosa*, et *domestica*

et *cerasus*, *Betula alba*, *Salix alba ;* se chrysalide fin mai,
commencement juin.

catax. — *Berberis vulgaris*, *Prunus spinosa*, *Pyrus communis*,
Betula alba ; fin mai, commencement juin.

rimicola. — *Quercus robur ;* en mai et juin.

Eversmanni. — Les *Scabiosa*, suivant FREYER. — Sur un *Acacia* et sur
le *Caragana frutescens*, suivant HERRICH SCHŒFFER. — Juin.

trifolii. — *Trifolium medicago*, *Genista* et autres Légumineuses ; passe
l'hiver et subit sa métamorphose courant juin.

(Var.) Cocles. — Les *Trifolium*, *Lotus*, *Vicia*, *Genista ;* mars à fin juin ;
TREITSCHKE.

quercus. — *Salix alba* et *S. vitellina*, *Populus*, *Syringa vulgaris*,
Prunus domestica. *Berberis vulgaris*, *Quercus robur*,
Ulmus campestris, *Spartium scoparium*, *Rubus fruticosus*,
Ribes rubrum, *Prunus spinosa ;* passe l'hiver et se trans-
forme en juin.

(Var.) Spartii. — *Rhamnus alaternus ;* fait son cocon vers la fin de juin.

rubi. — *Rubus fruticosus*, *Trifolium repens*, *Potentilla reptans ;*
passe l'hiver, se métamorphose fin mars et avril.

CRATERONYX

taraxaci. — *Taraxacum dens-leonis*, *Lactuca sativa ;* éclôt au printemps et subit sa métamorphose fin juillet.

Baleanica. — Dans les régions alpestres, près des neiges, dit HABERHAUER
(LEDERER).

dumi. — Plusieurs *Hieracium*, particulièrement l'*Hieracium pilosella*
et *H. murorum*, *Taraxacum dens-leonis*, *Hippochœris radi-
cata*.

LASIOCAMPA

potatoria. — *Bromus sterilis*, *Alopecurus agrestis*, *Phragmites
communis*, et autres Graminées ; lieux humides ; se transforme en
mai, juin, commencement juillet. — Il faut la chercher en juillet ;
DONZEL.

pruni. — *Prunus domestica*, *P. spinosa*, *Pyrus communis*, *P. malus*,
Ulmus campestris, *Betula alba*, *Quercus robur*, *Populus
(Tilia europœa ;* Alph. DUBOIS). — C'est sur l'Orme, dit LE ROI,
qu'il faut principalement la chercher. — Sa métamorphose a
lieu fin mai, courant juin.

quercifolia. — *Pyrus malus* et *P. communis, Persica vulgaris, Amygdalus communis, Prunus domestica, P. cerasus, Berberis vulgaris, Rhamnus alaternus,* les *Salix alba, caprea* et *vitellina, Quercus robur ;* se métamorphose en juin, commencement juillet.

populifolia. — Les *Populus,* principalement le *fastigiata, Salix alba, Fraxinus excelsior ;* passe l'hiver et se métamorphose fin mai à commencement juin.

tremulifolia. — *Betula alba, Fraxinus excelsior, Salix alba, Populus nigra, Quercus robur, Sorbus aucuparia ;* juillet, août et septembre.

ilicifolia. — *Salix alba, S. vitellina, Vaccinium myrtillus ;* se chrysalide en juin, commencement juillet.

suberifolia. — Les *Quercus suber, robur, pubescens, Auzendi ;* à fin juin, elle a acquis toute sa taille. — *Quercus ilex ;* mai ; RAMBUR.

lunigera. — *Pinus sylvestris* et *P. picea.*

pini. — Les *Pinus sylvestris, maritima* et *picea ;* passe l'hiver, se transforme, mai à commencement juin.

lineosa. — *Cupressus fastigiata.* — DONZEL l'a trouvée sur le *Juniperus oxycedrus ;* se transforme en mai. — Sort de l'œuf en juillet et parvient à toute sa taille vers la fin d'avril.

MEGASOMA

repanda. — *Genista juncea, Spartium virens, S. monospermum.* — A Alger, selon DONZEL, elle vit essentiellement sur le *Pistacia lentiscus ;* elle se trouve, selon ce lépidoptériste, toute l'année, même en hiver. — *Spartium sphærocarpum* et aussi *monospermum* de janvier à fin mai, RAMBUR. — Sur le *Tamarix,* dit OBERTHUR, d'après M. ALLARD. — Le colonel LEVAILLANT prétend qu'elle est polyphage.

ENDROMIS

versicolor. — *Betula alba, Salix caprea, Alnus glutinosa, Carpinus betulus, Corylus avellana ;* elle atteint toute sa croissance fin de juillet ; file en terre une légère coque de soie.

SATURNIA

pyri. — *Pyrus communis, P. malus, Ulmus campestris, Fraxinus excelsior, Prunus domestica, Amygdalus communis, Alnus glutinosa;* se chrysalide commencement août.

spini. — *Prunus spinosa* et aussi, selon DONZEL, Pommier sauvage ; se transforme fin juillet, commencement août.

pavonia. — *Rubus fruticosus* et *R. cæsius, Berberis vulgaris. Prunus spinosa, Quercus robur, Ulmus campestris, Fagus sylvatica, Carpinus betulus, Fraxinus excelsior, Betula alba, Salix alba* et *S. vitellina,* quelquefois *Genista;* depuis mai, jusqu'à fin juillet.

cœcigena. — *Quercus apennina;* en juin ; TREITSCHKE.

Isabellæ. — *Pinus maritima;* se transforme fin juin.

AGLIA

Tau. — *Fagus sylvatica, Carpinus betulus, Betula alba, Tilia europœa, Salix caprea, Corylus avellana, Quercus robur, Pyrus malus* et *P. communis;* en Allemagne et dans le nord de la France, habite les bois de plaine; à partir de Lyon, bois de montagne d'une certaine élévation.

DREPANA

falcataria. — *Betula alba, Alnus glutinosa, Populus tremula, Salix alba, Quercus robur;* mai et septembre.

curvatula. — *Alnus viscosa, Betula alba, Quercus robur;* mai et septembre.

harpagula. — *Quercus robur, Betula alba, Tilia europœa;* mai ; juin.

lacertinaria. — *Betula alba;* en juin et en septembre.

binaria. — *Quercus* et *Betula, Quercus ilex;* se nourrit de feuilles anciennes; juin septembre et octobre; MILLIÈRE. — Sur tous les Chênes y compris l'*ilex* et le *suber;* DONZEL.

cultraria. — *Quercus robur, Fagus sylvatica* principalement, *Prunus spinosa;* juin, septembre et octobre.

CILIX

glaucata. — *Prunus spinosa, Cratægus oxyacantha;* mai, juin, juillet, août et septembre.

HARPYIA

verbasci. — Les *Salix helix, monandra* et *hippophaeoides ;* du 15 juin au 15 juillet et du 15 août à la mi-sepembre.

bicuspis. — *Fagus sylvatica ;* en juin, puis en août et septembre.

furcula. — Les *Populus* et *Salix ;* en juin, puis en août jusqu'en novembre.

bifida. — *Populus tremula* et *P. fastigiata, Salix,* etc. ; juin et août jusqu'en octobre.

erminea. — *Betula alba, Populus tremula, P. fastigiata,* et arbres des bois ; depuis la mi-avril, jusqu'en juillet. — Juin et septembre ; Donzel.

vinula. — Différentes espèces de *Populus* et de *Salix ;* depuis le mois de juin, jusqu'au commencement de septembre.

STAUROPUS

fagi. — *Fagus sylvatica, Quercus robur, Alnus glutinosa, Betula alba, Corylus avellana, Prunus domestica,* peut être *Ulmus campestris.* — *Arbutus unedo ;* juin et juillet ; Martorell. — *Carpinus betulus ;* juillet août et septembre ; Alph. Dubois.

UROPUS

ulmi. — *Ulmus campestris ;* a toute sa croissance en juillet.

HYBOCAMPA

Milhauseri. — *Quercus robur, Betula alba.* — L'Orme et le Peuplier ; Alph. Dubois. — Se transforme au mois d'août et en septembre.

NOTODONTA

tremula. — *Populus tremula* et divers *Populus,* des *Salix vitellina, alba, caprea, Betula alba ;* en juin et à la fin de septembre.

dictæoides — *Betula alba, Populus tremula, Alnus glutinosa, Salix alba, Populus ;* en juin, septembre et octobre.

zlczac. — Les *Salix vitellina, caprea, alba, Populus fastigiata, Betula alba* — Les *Salix bicolor, babylonica, cinerea, purpurea, pentandra, viminalis, incana, Populus tremula ;* Ch. Dubois. — En juin, septembre et octobre.

tritophus. — *Populus tremula,* divers *Populus, Betula alba, Salix ;* en juillet et en septembre.

trepida. — *Quercus robur* (et le *Quercus ilex ;* MARTORELL). — Se
 métamorphose fin juillet, août. — Juin et juillet; DONZEL.

torva. — *Betula alba, Populus tremula* et divers *Populus ;* en juillet
 et en septembre. — Juin et septembre, DONZEL

dromedarius. — *Betula alba, Alnus glutinosa, Corylus avellana,*
 Quercus robur ; en juin et commencement septembre, octobre.

chaonia. — *Quercus robur* et *Q. pedunculata ;* mai, juin et fin septembre.
 DONZEL n'indique que mai et juin.

querna. — *Quercus robur ;* s'enterre pour se transformer; août et
 septembre.

trimacula. — *Quercus robur*, et, ajoute DUBOIS, *Betula alba ;* se transforme en terre ; juillet, août et septembre.

bicoloria. — *Betula alba ;* août et septembre.

argentina. — *Quercus robur ;* se transforme en juillet ou en août.

LOPHOPTERIX

carmelita. — *Ulmus campestris ;* BERCE. — *Betula alba ;* du 20 au
 30 juin a toute sa taille.

Sieversi. — Il est probable que la chenille vit sur *Betula alba;* MENESTRIES.

camelina. — *Quercus robur, Ulmus campestris, Carpinus betulus,*
 Betula alba, Tilia europæa, Populus tremula, Alnus gluti-
 nosa ; depuis juillet à fin octobre.

cuculina. — *Cratægus terminalis, Acer campestre, Ulmus campestris ;*
 août et septembre.

PTEROSTOMA

palpina. — *Salix alba, Populus fastigiata, Tilia europæa ;* juin, août
 septembre et octobre.

DRYNOBIA

velitaris. — *Quercus robur*, et, ajoute DUBOIS, *Fagus sylvatica, Populus ;*
 de préférence sur les jeunes pousses, au pied des arbres ; le même
 auteur ne mentionne qu'une génération; juillet et août. — De
 juillet à octobre, d'après d'autres auteurs.

melagona. — *Quercus robur, Fagus sylvatica ;* en juillet et septembre.

GLUPHISIA

crenata. — *Populus nigra* et autres ; en septembre et octobre. — En
 août sur les *Populus* et les *Salix ;* DONZEL.

PTILOPHORA

plumigera. — *Acer campestre*, *Salix caprea*, *Betula alba*; s'enterre à la fin de mai.

CNETHOCAMPA

processionea. — *Quercus robur*; mai, commencement juin.

pityocampa. — *Pinus sylvestris*; se chrysalide au milieu de mars, quelquefois avril et même en mai.

Herculeana. — Géraniacées; commencement janvier; RAMBUR.

PHALERA

Bucephala. — *Quercus robur*, *Betula alba*, *Ulmus campestris*, *Fagus sylvatica*, *Tilia europæa*; depuis le mois de juillet, jusqu'au mois d'octobre.

Bucephaloides. — *Quercus robur*, *Q. ilex*; depuis le mois de juillet jusqu'à fin octobre.

PYGŒRA

Timon. — Depuis fin août jusqu'au milieu de septembre, sur *Populus tremula*; se transforme entre deux feuilles.

anastomosis. — *Salix* et *Populus alba*; mai, juin et juillet, puis en août et septembre.

curtula. — *Tilia europæa*, *Ulmus campestris*, *Quercus robur*, *Acer campestre*, *Alnus glutinosa*, *Salix alba*, *Populus*; mai, juin, juillet, août, septembre et octobre.

anachoreta. — *Salix* et *Populus*, mais plus particulièrement sur les *Salix*; mai et juin, juillet, août septembre et octobre.

pigra. — *Populus tremula*, *Populus* et *Salix*; mai et juin.

GONOPHORA

derasa. — Les *Rubus fruticosus*, *idæus*, *cæsius*; en septembre.

THYATIRA

batis. — Les *Rubus*; juillet, août, septembre et octobre.

CYMATOPHORA

octogesima. — *Populus*; entre deux feuilles qu'elle lie; septembre et octobre, juin et juillet.

or. — *Populus tremula* et divers *Populus ;* entre deux feuilles ; juin et juillet, août, septembre et octobre. — Juin et septembre ; Donzel.

duplaris. — *Populus nigra, Alnus glutinosa* et *A. incana ;* juin, juillet, août et septembre.

fluctuosa. — *Betula alba ;* auteurs allemands. — Septembre et octobre ; Merrin.

ASPHALIA

ruficolis. — *Quercus robur, Betula alba ;* a toute sa grosseur à la fin de juin.

diluta. — *Quercus robur, Betula alba ;* a toute sa taille fin juin.

flavicornis. — Arbres fruitiers, *Quercus robur, Betula alba, Populus ;* juin, juillet, septembre.

zidens. — *Quercus robur* et autres espèces de *Quercus ;* en juin et septembre.

NOCTUÆ

DILOBA

cæruleocephala. — Tous les arbres fruitiers, *Cerasus* et *Amygdalus, Cratægus oxyacantha ;* a toute sa croissance à la fin de juin.

SIMYRA

dentinosa. — La larve est figurée dans Menetries.

nervosa. — Les *Euphorbia*, les *Rumex* et quelques autres plantes basses ; en juin. — La variété *argentacea* est figurée à l'état de larve dans Menetries.

ARSILONCHE

albovenosa. — Graminées ; fin juillet selon Degeer. — *Glyceria aquatica ;* août et septembre ; Merrin.

EOGENA

Contaminel. — La larve est figurée dans Menetries.

CLIDIA

geographica. — *Linaria vulgaris.*

chamæsyces. — Vit en famille nombreuse sur les *Euphorbia characias nicæensis* et *chamæsyce ;* en juillet.

RAPHIA

hybris. — *Populus nigra ;* a toute sa taille vers le 10 juin.

DEMAS

coryli. — *Corylus avellana, Prunus insititia, Cratægus oxyacantha, Betula alba, Carpinus betulus, Fagus sylvatica, Quercus robur, Salix alba ;* mai, juin et septembre.

ACRONYCTA

leporina. — *Alnus glutinosa, Salix alba, S. vitellina, Betula alba, Populus tremula* et autres, et quelquefois l'*Ulmus campestris ;* depuis le mois de juin jusqu'en octobre.

aceris. — *Acer campestre, Æsculus hippocastanum, Ulmus campestris, Tilia europæa ;* juillet et août.

megacephala. — *Populus tremula, Betula alba, Populus* et *Salix ;* depuis fin juillet jusqu'en octobre.

alni. — *Salix vitellina* et *S. alba, Alnus glutinosa, Tilia europæa, Betula alba,* les *Populus ;* juin, juillet et août ; se transforme à terre dans la mousse, dans les débris.

strigosa. — *Betula alba ;* Berce, Donzel. — Sorbier des oiseleurs et *Prunus spinosa ;* Treitscheke. — *Cratægus oxyacantha ;* juillet août et septembre ; Merrin.

tridens. — *Prunus spinosa, Cratægus oxyacantha, Ulmus campestris, Pyrus communis, Rubus fruticosus, Rosa canina ;* se change en chrysalide en septembre et octobre.

psi. — Arbres fruitiers et forestiers ; *Tilia europæa,* les *Populus, Cratægus, Betula alba, Ulmus campestris.* — *Prunus spinosa ;* de Peyerimhoff. — Depuis août jusqu'à la fin de l'automne,

cuspis. — *Alnus glutinosa ;* en septembre.

menyanthidis. — *Menyanthes trifoliata.* — *Myrica gale ;* Guénée. — Juin et juillet.

auricoma. — *Salix caprea, Rubus, Populus tremula, Erica vulgaris. Betula alba,* etc. — A Hyères, sur *Arbutus unedo ;* Donzel. Milieu de juin, juillet et septembre.

myricæ. — *Myrica gale, Salix, Betula alba,* Bruyère ; août et septembre ; Merrin.

euphorbiæ. — *Euphorbia cyparissias ;* juillet et août. — Vit en automne
sur divers *Euphorbia ;* DONZEL.

euphrasiæ. — *Cratægus oxyacantha, Euphrasia officinalis E. odontites, Euphorbia cyparissias et E. Gerardiana, Helianthemum
vulgare, Rubus fruticosus, Vaccinium myrtillus.* — *Erica
vulgaris ;* OBERTHUR. — A toute sa taille fin septembre. — En
juin et en septembre ; BERCE.

rumicis. — *Rumex patientia,* les *Malva, Urtica, Sonchus, Rubus,* et
*Rosa, Syringa vulgaris, Populus fastigiata, Betula alba,
Polygonum persicaria ;* depuis juin jusqu'en automne.

ligustri. — *Ligustrum vulgare, Fraxinus excelsior, Syringa vulgaris ;* en juillet ; se transforme en terre.

BRYOPHILA

raptricula. — Sur les Lichens des pierres et des vieux murs — Lieux
exposés à toute l'ardeur du soleil ; DONZEL. — En mai.

strigula. — Lichens des pierres et des vieux murs ; en mai.

algæ. — Lichens des arbres.

muralis. — Lichens du genre *Parmelia,* principalement sur *P. olivacea,
grisea* et *parietina ;* commencement du printemps, mai et juin ;
difficile à élever en captivité.

perla. — Lichens des murs et des pierres exposés au soleil ; mange le
soir et surtout le matin au lever du soleil ; mai et juin.

MOMA

Orion. — *Quercus robur, Betula alba, Fagus sylvatica.* — *Quercus
pedunculata, Q. sessilifolia, Carpinus betulus ;* Ch. DUBOIS. —
Août, septembre et octobre.

DIPHTERA

ludifica. — *Quercus robur, Salix,* Sorbier des oiseleurs, *Prunus
spinosa ;* est arrivée à toute sa taille en juillet et août ; TREITS-
CHKE. — Pommier, *Prunus padus, Salix caprea ;* HEINRICH
FREY. — *Cratægus oxyacantha ;* LE PAIGE,

PANTHEA

cœnobita. — *Abies picea ;* a toute sa taille en septembre ou octobre.

AGROTIS

strigula. — *Erica herbacea, E. cinerea*. — Sur différentes espèces de Bruyères ; BERCE. — Mai et juin. — Juillet et août ; passe l'hiver en chrysalide ; DONZEL.

polygona. — *Plantago media* et probablement sur d'autres plantes basses ; BERCE. — *Polygonum* et *Rumex* ; FREY.

sigma. — *Brassica oleracea, Atriplex* des jardins sur plantes basses ; BERCE ; au prinptemps.

subrosea. — *Myrica gale, Salix ;* mai et juin ; MERRIN.

jantina. — *Aram maculatum, Primula veris*. — *Cytisus scoparius, Alsine media ;* MERRIN. — Mars et avril.

linogrisea. — *Primula veris, Rumex acetosella, Glechoma hederacea ;* février et mars. — En avril sur les plantes basses, après avoir passé l'hiver ; DONZEL.

fimbria. — *Primula veris, Cynoglossum officinale, Faba vulgaris, Solanum tuberosum, Valerianella locusta, Leontodon taraxacum ;* est polyphage ; dans les bois, a toute sa taille ; mars commencement avril, eu secouant les feuilles sèches.

interjecta. — Dans les herbes et les broussailles, surtout dans les terrains en talus ; avril et mai.

punicea. — Ronce, Plantin ; se chrysalide en mai.

augur. — *Taraxacum dens-leonis* et autres plantes basses ; hiverne et vit au printemps.

obscura. — Sous les plantes basses, *Carduus, Taraxacum dens-leonis ;* avril et mai ; MERRIN.

pronuba. — Plusieurs Crucifères et principalement *Thlaspi, Senecio vulgaris, Primula officinalis ;* sur toutes les plantes basses ; DONZEL, BERCE. — Se transforme mars et commencement avril dans les bois et les jardins.

orbona. — Sur les Graminées et quelquefois sur les plantes basses ; mars, avril et mai ; dans les bois et les jardins sur une foule de plantes potagères.

comes. — *Plantago lanceolata,* plantes basses et potagères ; mars et et avril. — Avril et mai sur les Graminées et quelquefois sur les plantes basses ; BERCE.

castanea. — Sur les plantes basses ; avril et mai. — *Calycotome spinosa ;* MILLIÈRE.

hyperborea.— *Empetrum nigrum ;* fin juillet, août ; MECH.

agathina. — Les *Erica vulgaris, cinerea, scoparia* et *arborea ;* éclôt fin de l'automne, passe l'hiver et on commence à la trouver fin février commencement de mars, jusqu'en mai.

triangulum. — *Bellis perennis* et plusieurs plantes basses dans les allées des bois ; est polyphage. — *Salix, Rubus fruticosus,* etc. ; avril ; MERRIN.

baja. — *Primula veris, Atropa belladona,* Fraisier, Pissenlit ; avril et mai. — Sur plusieurs plantes basses et arbustes ; BERCE.

candelarum. — *Taraxacum dens-leonis, Plantago media ;* HUBNER.

Ashworthii. — Se nourrit de Graminées et d'un *Sedum*. — *Festuca ovina, Picris hieracioides, Helianthemum vulgare, Thymus, Erica, Taraxacum dens-leonis ;* MERRIN. — Passe l'hiver et n'est parvenue à toute sa taille qu'à la fin de mars ou les premiers jours d'avril.

C. nigrum. — *Lonicera xylosteum,* sous les plantes basses et dans les feuilles sèches ; fevrier et mars.

ditrapezium. — Sur plusieurs plantes basse ; *Primula, Lamium,* etc.; mars.

stigmatica. — *Plantago lanceolata ;* elle est polyphage, selon BERCE ; mange les *Rumex,* selon DE PEYERIMHOFF ; mars et avril.

xanthographa. — Se nourrit de *Plantago ;* MARTORELL. — Sur les Graminées et autres plantes basses, LE ROI et BERCE. — *Polium perenne ;* BRUAND. — Depuis octobre à mars ; MERRIN.

umbrosa. — Gazon et autres plantes basses ; avril. — Depuis août à février, *Rumex* et différentes plantes basses ; MERRIN.

rubi. — Bois humides, plantes herbacées ; avril, mai et juin.

Dahlii. — *Plantago lanceolata ;* HUBNER ; mai ; dans les hivers doux se nourrit sans hiverner.

brunnea. — *Pisum arvense, Primula elatior, P. officinalis, Rubus fruticosus, Lonicera, Geum urbanum* et diverses plantes basses ; avril et mai. — Au printemps et en automne ; Ch. DUBOIS.

festiva. — *Rumex acetosa* et diverses plantes basses, dans les feuilles sèches ; mars, avril et mai. — Depuis juillet à février compris, sur *Viola, Salix, Digitalis purpurea* et racines des plantes basses ; MERRIN.

conflua. — Polyphage, préfère le *Silene acaulis* et les *Leontodon ;* a toute sa taille fin mai.

depuncta. — Sur plusieurs plantes basses, *Rumex*, etc.; au printemps.

glareosa — Sur les plantes basses, principalement les *Rumex*, *Ficaria ranunculoides*, *Spartium scoparium*; au printemps. — En mars trouvée abondamment dans les herbes des vignes; Donzel. — Les *Galium*; Martorell;

margaritacea. — *Plantago media* et différentes plantes basses; au printemps.

multangula. — Différentes espèces de *Galium*; mai.

rectangula. — Principalement les *Melilotus*, *Trifolium* et *Medicago*; Godart.

cuprea. — *Taraxacum* et sur plusieurs plantes basses; Frey.

ocellina. — *Phyteuma*.

plecta. — *Cichorium intybus*, *Galium verum* et d'autres plantes amères; en captivité, *Persica vulgaris*; en automne.

leucogaster. — *Lotus angustissimus* et aussi plusieurs plantes basses; éclôt en janvier; a toute sa taille fin février.

musiva. — *Cichorium intybus*; Godart. — *Picris* et sur plusieurs plantes basses; Frey.

flammatra. — Sur le *Taraxacum* et le *Potentilla*; Frey.

candelisequa. — *Peucedanum paniculatum.* — *Plantago media*; Hubner. — Fin mai, commencement de juin.

simulans. — Sous les plantes basses, Graminées, Bruyères et autres plantes basses; août; Merrin.

lucernea. — *Campanula rotundifolia*, *Taraxacum dens-leonis*; février, mars, avril, mai; Merrin.

nyctimera. — *Festuca ovina*; passe l'hiver sous les pierres, dans les lieux secs et arides; se métamorphose fin avril; Berce.

helvetina. — *Triticum repens*; s'enterre en juillet.

lucipeta. — Plantes herbacées, printemps; *Tussilago farfara*, *Petasites officinalis*, *Euphorbia cyparissias*; Frey.

fugax. — Vit sur les plantes basses et principalement sur les Graminées; Guénée.

putris. — Ronge les racines de diverses Graminées, notamment le *Triticum repens*; a toute sa grosseur fin avril, commencement de mai, et pour la deuxième fois en août.

signifera. — *Draba verna*, *Cochlearia armoracia*, *Plantago*; Frey.

forcipula. — Différentes espèces de *Rumex*; Wullschlegel.

fimbriola. — Différentes plantes basses dans les prés exposés au soleil ; avril.

latens. — Vit de Graminées dans les lieux montagneux ; avril.

birivia. — *Triticum repens ;* juin ; DONZEL.

cinerea. — Sous les plantes basses, de septembre à mars ; MERRIN.

puta. — Sur les Graminées, aux bords des marais et des rivières ; TRIMOULET ; en mai et septembre. — Fin février, a toute sa taille ; MILLIÈRE.

exclamationis. — *Senecio vulgaris ;* au pied de toutes les plantes basses ; août.

spinifera. — Au pied des Graminées dont elle ronge les feuilles. — *Plantago, Scabiosa, Cichorium ;* MARTORELL.

arenosa. — *Plantago, Scabiosa, Rumex, etc. ;* MARTORELL.

ripæ. — *Cynoglossum officinale ;* août, septembre et octobre ; MERRIN.

cursoria. — Les *Euphorbia esula, Gerardiana* et *cyparissias ;* mai et juin.

nigricans. — Sous les plantes basses ; au printemps.

tritici. — *Origanum vulgare, Centranthus ruber, Dianthus armeria, Cichorium intybus, Galium verum ;* avril et mai. — Dans les racines des Graminées ; BERCE.

obelisca. — *Galium verum,* racines de Graminées ; en avril.

saucia. — Racines de Graminées, sous les Luzernes et les Trèfles, *Centranthus ruber, Plantago, Rumex, Daucus, Carduus ;* hiverne et vit au printemps. — MILLIÈRE dit qu'elle ne vit pas de racines, mais de feuilles.

trux. — Lieux arides, presque toutes les plantes basses, feuilles caulinaires et racines ; au printemps. — *Melilotus vulgaris ;* FREY.

lunigera. — S'élève très bien avec le *Polygonum aviculare ;* août, septembre et octobre ; MERRIN.

ypsilon. — *Sonchus arvensis* et différentes plantes basses ; au printemps.

segetum. — Vit aux dépens de presque toutes les plantes-racines, après avoir hiverné en terre ; se transforme en mai.

corticea. — Vit de racines. — *Chenopodium,* depuis septembre à mars : MERRIN. — Se chrysalide avril et mai.

crassa. — Sur les Graminées ; WULLSCHLEGEL.

obesa. — Vit sous terre, s'attaque de préférence aux racines du *Camphorosma monspeliacum* et à son défaut à d'autres racines, quelquefois à celles du *Vitis vinifera.*

vestigialis. — *Euphorbia cyparissias ;* GODART. — Pied des *Carduus ;*

lieux arides et sablonneux ; fin septembre, hiverne ; se trouve en mai mangeant les racines de gazon.

fatidica. — Ronge de préférence les racines plutôt que les feuilles des Graminées ; a son entier développement commencement d'août.

præcox. — *Sonchus oleraceus* et plantes basses, dans les endroits sablonneux, principalement au bord de la mer ; fin mai ; s'enfonce en terre au commencement de juin.

prasina. — *Cochlearia armoracia, Anchusa officinalis, Primula veris* et *P. elatior, Cynoglossum officinale, Lonicera;* CONSTANT. — *Vaccinium myrtillus* et *V. uliginosum;* Ch. DUBOIS. — Passe l'hiver et n'acquiert toute sa taille qu'en mars, avril ou mai. — Dans les feuilles sèches ; M. LE ROI.

occulta. — *Lactuca sativa, Taraxacum dens-leonis;* mai.

BRITHYS

pancratii. — *Pancratium maritimum;* juin. — La chenille vit en automne sur *Pancratium maritimum* qui croît dans les sables près de la mer ; DONZEL.

encaustus. — DONZEL croit qu'elle a les mêmes mœurs que la précédente.

CHARŒAS

graminis. — Ronge les racines des Graminées.

NEURONIA

popularis. — *Lolium perenne, Triticum repens,* et *T. æstivum;* mars, avril et mai. Presque enterrée à la base des Graminées dont elle mange les racines et les feuilles basses ; BERCE.

cespitis. — Racines des Graminées, principalement *Triticum repens, Aira cæspitosa;* a toute sa taille en juillet ; les chenilles s'entre-dévorent ; pour élever les chrysalides, il est bon de les tenir dans un endroit humide.

MAMESTRA

leucophæa. — *Achillea millefolium, Spartium scoparium;* en été et en automne. — Vit de Graminées dans les bois ; a toute sa taille courant avril ; BERCE.

serratilinea. — *Plantago lanceolata, Verbascum;* a toute sa taille en juin. S'enterre selon TREITSCHKE.

advena. — *Lactuca sativa, Taraxacum dens-leonis ;* en société ; TREITSCHKE. — *Polygonum aviculare* et diverses plantes basses ; MERRIN. — Entre en terre à la fin de l'automne et arrive à toute sa taille en avril.

tincta. — Les *Ononis spinosa* et autres ; fin de l'automne ; DUPONCHEL. — Passe l'hiver et a toute sa taille au mois d'avril ; BERCE.

nebulosa. — *Verbascum thapsus, Primula veris, Rumex. — Betula alba ;* MERRIN. Mars et avril.

contigua. — *Senecio Jacobæa, Chenopodium Bonus-Henricus, Genista* et *Rumex,* même sur les jeunes pousses de *Corylus avellana ;* s'enfonce en terre en septembre et octobre.

thalassina. — *Betula alba, Genista* et *Rumex ;* en septembre.

dissimilis. — Différentes espèces de *Plantago, Atriplex hortensis* et différentes plantes herbacées (épis de Maïs ; JOURDHEUILLE) ; se chrysalide très profondément en terre, depuis juin jusqu'à fin octobre.

pisi. — *Pisum sativum,* aussi sur les autres plantes Légumineuses, même le *Spartium scoparium ; Delphinium consolida, Trifolium, Populus, Plantago, Scabiosa sylvatica, Myrica gale ;* a toute sa grosseur en septembre.

brassicæ. — Toutes les plantes Potagères, principalement les *Brassica ;* depuis juillet à fin septembre.

persicariæ. — *Polygonum persicaria, Sambucus nigra, Humulus lupulus,* quelquefois les *Atriplex, Lamium album, Brassica, Urtica ;* septembre et octobre.

albicolon. — Chenille dans les rides et sous les écorces des Peupliers ; BERCE. — *Atriplex* et *Chenopodium ;* juillet et août ; MERRIN.

aliena. — Aime les lieux exposés au soleil sur le *Melilotus* et l'*Hippocrepis comosa ;* FREY.

oleracea. — *Polygonum persicaria, P. hydropiper, Verbascum thapsus, Ribes uva-crispa ;* sur presque toutes les plantes Potagères ; depuis juin jusqu'au milieu d'octobre.

genistæ. — Vit sur les *Genista germanica, pilosa, sagittalis* et *tinctoria, Vaccinium myrtillus ;* s'enfonce en terre en août. — Août et septembre ; BERCE.

glauca. — *Cypripedium calceolus ;* HUBNER. — *Tussilago farfara ;* TREITSCHKE. — A toute sa grosseur en juillet et août.

dentina. — *Taraxacum dens-leonis* et sur plusieurs plantes basses ;

Ranunculus acris, R. repens; a atteint toute sa grosseur en mai et juin. — Elle ronge de préférence les racines; DONZEL.

peregrina. — Différentes plantes basses; en juin. — *Salsola* et *Chenopodium maritimum;* en juin, août et septembre; se transforme en terre; RAMBUR.

marmorosa. — *Hippocrepis comosa, Ornithopus perpusillus;* vit pendant l'été.

Treitschkei. — *Hippocrepis comosa, Anarrhinum bellidifolium, Lotus corniculatus;* en juin.

trifolii. — *Apium graveolens, Lactuca sativa, Brassica oleracea, Sonchus oleraceus, Asparagus satious, Spartium scoparium, Atriplex hortensis, Chenopodium Bonus-Henricus;* depuis le mois de juillet jusqu'en octobre.

sociabilis. — *Artemisia campestris, A. cærulescens;* juin, juillet et août.

sodæ. — Différentes espèces de *Salsola* et de *Chenopodium*.

reticulata. — *Saponaria officinalis, Dianthus armeria, D. carthusianorum, Silene inflata, Cucubalus baccifer;* a toute sa taille en juillet et en août.

chrysozona. — Fleurs et boutons des *Lactuca sativa, virosa* et *perennis, Aquilegia vulgaris, Apium petroselinum, Artemisia;* fin avril, juin, juillet et août. — DONZEL ne mentionne que le mois d'avril.

serena. — *Tilia europœa, Hieracium umbellatum, Leontodon hispidus, L. hirtus, Sonchus palustris, Crepis tectorum, Lactuca perennis;* se change en chrysalide en juillet.

cappa. — *Delphinium staphisagria, D. Ajacis;* mange les fleurs, les graines et les capsules vertes; mai, juin et août.

DIANTHÆCIA

luteago. — Tige et racine du *Silene inflata;* en juillet et août.

cæsia. — Aux pieds des plantes basses; au printemps. — Capsules du *Silene maritima;* juin; POURIT.

filigramma. — *Silene inflata* et *S. nutans.*

Magnolii. — Les *Silene nicæensis* et *noctiflora;* BOISDUVAL. — *Silene nutans;* FREY. — WULLSCHLEGEL dit qu'elle vit de la graine.

nana. — Graines des *Lychnis dioica,* les *Silene inflata* et *nutans,* les *Lychnis flos-cuculi* et *sylvestris;* en juin et juillet.

albimacula. — Préfère les *Silene nutans;* se trouve aussi sur le *Silene* *inflata*, les *Lychnis flos cuculi* et *dioica;* juin et juillet. — Capsules des *Silene;* en mai; MARTORELL.

compta. — *Lychnis dioica, Dianthus prolifer, D. caryophyllus;* en juin et juillet; deux pontes par an suivant TREITSCHKE.

capsincola. — *Lychnis dioica, Silene inflata, Saponaria officinalis;* de juin à octobre.

cucubali. — *Silene inflata,* et, selon DE PEYERIMHOFF, *Agrostemma coronaria;* juillet, août, septembre et octobre.

carpophaga. — *Silene inflata, S. noctiflora, Cucubalus behen, Saponaria officinalis;* se chrysalide en terre, en août.

capsophila. — Attaque les *Silene;* MARTORELL. — Graines des *Silene maritima* et *inflata;* mai, juin à septembre; MERRIN.

silenes. — Capsules du *Silene viscosa.* — *Silene crassicaulis;* juillet à septembre; MARTORELL.

irregularis. — *Gypsophila paniculata* et *G. saxifraga;* dans les fleurs; août.

METOPOCERAS

Canteneri. — Les *Plantago* et les Chicoracées; en octobre; MARTORELL.

CLADOCERA

optabilis. — *Pterotheca nemausensis,* de préférence à toutes autres plantes herbacées; atteint son entier développement fin avril; racines dans les terrains incultes.

EPISEMA

glaucina. — *Muscari racemosum, Anthericum ramosum;* FREY.

scoriacea. — *Quercus robur;* mai. — Selon GUINARD, de Montpellier, elle vivrait des fleurs de l'Asphodèle rameux.

HELIOPHOBUS

hispidus. — Graminées, aux pieds desquelles elle se cache après la troisième mue; vit aussi de plusieurs plantes basses; en automne; BERCE.

ULOCHLÆNA

hirta. — Ne mange que la nuit et se nourrit de Graminées; parvenue à toute sa taille en avril; ne se métamorphose qu'en août.

APOROPHYLA

lutulenta. — Sur un grand nombre de plantes basses dans les jardins et les champs, les *Genista*. — A Hyères, se trouve abondamment en mars, dans le cœur des Asphodèles rameux; Donzel. — *Lithospermum arvense* et autres plantes basses; Merrin. — Avril et mai.

nigra. — *Alsine media*, différentes espèces de *Rumex*, préfère les *Genista*; se trouve aussi sur différentes plantes basses; a toute sa taille en juin et juillet.

catalaunensis. — *Ononis ramosissima*; elle vit enterrée sous les pieds de la plante.

australis. — *Asphodelus microcarpus* et les Chicoracées; Rambur. — Selon Millière, plusieurs espèces de Graminées et de *Carex*.— S'élève très bien, disent les auteurs, avec les *Carex* et les Graminées. — Mars; a toute sa taille en septembre.

AMMOCONIA

cœcimacula. — *Sium falcaria*, *Taraxacum dens-leonis*, *Spartium scoparium*; mai.

vetula. — *Calycotome spinosa*; vers le milieu de mai, elle a atteint toute sa grosseur.

EPUNDA

lichenea. — Sur les *Rumex*; en avril. — *Senecio*; Merrin.

POLIA

serpentina. — Chenille figurée par Freyer sur les plantes basses; en avril.

polymita. — *Arctium lappa*. — Selon Treitschke, vit en société. — *Primula elatior*; Frey.

flavicincta. — *Ribes grossularia*, *Lactuca sativa*, *L. virosa*, *Rumex patientia*, *Salix*, *Artemisia*, *Cichorium intybus*, *Prunus cerasus*, *Antirrhinum asarina*; juin et juillet. — Sur une foule de plantes et d'arbustes; en mai; Berce.

rufocincta. — Sur plusieurs espèces de plantes basses de genres bien éloignés; *Asplenium ruta-muraria*, les *Hieracium*, *Silene* *nutans, Crepis biennis, Campanula;* éclôt à la fin de mars et n'est parvenu à toute sa taille que vers les premier jours de mai.

dubia. — Les *Centranthus ruber* et *calcitrapa, Cistus albidus, Atriplex humilis, Buxus sempervirens, Hyosciamus niger;* décembre et janvier. — En mars, selon MARTORELL.

anthomista. — *Plantago lanceolata;* en mai. — *Spartium scoparium;* GUILLEMOT, CONSTANT.

venusta. — *Ulex parviflorus, Spartium junceum, Cistus albidus, C. salviæfolius;* éclôt en octobre; passe l'hiver et parvient à toute sa taille vers la fin mars.

canescens. — Diverses plantes, principalement sur l'*Asphodelus microcarpus;* en février, mars et avril, selon RAMBUR; en mai et juin, d'après BERCE.

suda. — Sur les *Galium.*

chi. — *Aquilegia vulgaris, Sonchus oleraceus, S. arvensis, Lactuca sativa, Arctium lappa, Salvia pratensis, Genista;* a toute sa grosseur dans le milieu de juin.

DRYOBOTA

furva. — Sur les fleurs des *Quercus ilex* et *suber;* se change en chrysalide, fin octobre. — Avril et mai; MILLIÈRE.

roboris. — *Quercus robur;* en mai et juin.

Saportæ. — *Quercus ilex;* en juin.

monochroma. — *Quercus suber* et *Q. ilex;* en mai et juin.

protea. — *Quercus robur;* en mai et juin.

DICHRONIA

convergens. — *Quercus robur;* a toute sa grosseur fin mai.

æruginea. — *Quercus austriaca;* a toute sa taille en mai. — *Quercus robur;* DONZEL, DELAMAIN.

aprilina. — *Quercus robur, Prunus spinosa, Cratægus oxyacantha;* a toute sa taille fin août. — Mai; BERCE.

CHARIPTERA

viridana *(culta).* — *Cratægus oxyacantha, Prunus spinosa, P. domestica, Pyrus communis;* a toute sa grosseur en août et septembre.

MISELIA

bimaculosa. — *Ulmus campestris;* a toute sa taille fin juin. — Avril et
mai, à Hyères; Donzel.

oxyacanthæ. — *Cratægus oxyacantha, Prunus spinosa* et *P. domestica, Persica vulgaris;* mai et juin.

VALERIA

jaspidea. — *Prunus spinosa;* mai, juin et juillet, suivant les localités.

oleagina. — *Prunus spinosa;* mai et juin.

APAMEA

testacea. — Racines des Graminées; de Peyerimhoff. — *Marrubium
vulgare;* Trimoulet. — Juin et octobre. — En mars; Merrin.
— Selon Donzel, vit en été de la partie inférieure des plantes
basses.

Nickerlii. — Graminées; se tient cachée dans les racines, dans les endroits sablonenx; a toute sa grosseur dans le mois de juin.

Dumerilii. — Vit certainement, selon moi, dans la terre des racines des
Graminées.

LUPERINA

Haworthii. — Vit sur des plantes marécageuses du genre *Eriophorum;*
Stainton. — En juin et juillet, sur l'*Eriophorum vaginatum;*
Merrin.

matura. — Plusieurs Graminées; vit très cachée sous les touffes, aime
les lieux arides et le bord des routes. — Vit sur les *Primula* et
probablément sur d'autres plantes basses; Donzel. — Depuis le
mois de septembre jusqu'au mois d'avril.

rubella. — Racines de Graminées; a toute sa taille du 15 au 20 juillet;
Millière.

verens. — *Alsine media, Plantago lanceolata* et sur les Graminées; se
transforme commencement de juin. — Sur les Graminées dans
les lieux arides; Goossens.

chenopodiphaga. — *Chenopodium fruticosum, Salsola soda, Atriplex
portulacoides;* en hiver et au mois de mai; Rambur. — A
toute sa taille, milieu de mars, avril et mai.

HADENA

porphyrea. — *Lonicera alpigena*, Hubner. — *Lonicera periclyme-num;* juin ; Merrin.

adusta. — Vit sur diverses plantes basses, mange aussi les feuilles du *Quercus robur;* août et septembre ; hiverne.

Sommeri. — Divers *Hieracium, Leontodon* et certaines Graminées ; met tout l'été à grossir, et ne parvient à toute sa taille qu'en septembre.

Solieri. — Vit de plusieurs plantes basses et surtout de plantes potagères ; *Cyclamen europæum, C. neapolitanum;* hiverne ; a toute sa taille en janvier. — Sous les *Genista;* en juillet; Société entomol. de France.

ochroleuca. — Sur diverses Graminées, dans les prairies, les champs de blé, autour des granges ; mai et juin.

exulis. — Les *Poa;* passe l'hiver, a toute sa taille à la mi-juin.

furva. — A la base des Graminées ; en juin. — *Aira canescens;* en mai ; Merrin.

abjecta. — Vit de plantes basses ; Berce. — Racines de *Triticum repens;* en mai ; Merrin.

lateritia. — Vit de plantes basses et de gazon, cachée sous les pierres ; mai.

monoglypha. — Se nourrit de racines de différentes plantes potagères ; passe l'hiver et croît jusqu'en avril et mai.

lithoxylea. — Sur les racines des Graminées ; fin mars ; W. Machin.

sordida. — *Betula alba* et *Alnus;* septembre. — Graminées ; Frey.

basilinea. — *Triticum repens* et spécialement les céréales; en septembre et octobre. — Dévore les chenilles avec lesquelles on la met; février ; Merrin.

rurea. — Plusieurs espèces de plantes, principalement *Lolium perenne, Primula veris, Triticum repens, Rumex* (Le Roi ne mentionne que les *Rumex*); a toute sa grosseur fin mars.

scolopacina. — Racines de Graminées et de plantes basses, Ajoncs ; se transforme au commencement de juin.

hepatica. — Racines et jeunes pousses de Graminées; Treitschke ; passe l'hiver et ne se chrysalide qu'au printemps suivant. — Plantes basses, *Alsine media;* Merrin.

gemina. — Se nourrit de plantes basses ; avril, mai, juin et septembre.

unanimis. — Sur les plantes basses et les Graminées. — Se cache sous l'écorce des *Salix* et *Populus*, ou dans le sol parmi les racines de ces arbres ; depuis septembre en mars ; MERRIN. — Principalement sur le *Phalaris arundinacea* ; FREY.

didyma. — Sur différentes plantes basses, principalement le *Dactylis glomerata ;* au printemps.

literosa. — Dans les tiges des Graminées ; vit en avril.

strigilis. — Tiges des Graminées, dans les parties humides et basses ; mars et avril.

fasciuncula. — *Aira cæspitosa ;* trouvée le 23 avril ; continua de manger jusqu'au 1er mai ; BUCKLER.

bicoloria. — Dans les tiges de *Festuca ;* avril, mai et juin ; MERRIN.

DIPTERYGIA

scabriuscula. — Plusieurs *Rumex*, principalement l'*acetosa ;* a toute sa taille fin septembre commencement d'octobre et pour la deuxième fois en avril.

HYPPA

rectilinea. — *Lonicera xylosteum, Rubus idæus, Fragaria vesca, Vaccinium myrtillus, Salix caprea ;* septembre et octobre. — TREITSCHKE dit quelle passe l'hiver ; a toute sa taille. — Depuis août en mars ; MERRIN. — *Pteris aquilina, Anthriscus sylvestris* ; FREY.

RHIZOGRAMMA

detersa. — Se nourrit de plusieurs plantes herbacées, préfère le *Berberis vulgaris ;* hiverne et s'enterre à la fin de mai.

CHLOANTHA

hyperici. — Les *Hypericum perforatum, montanum,* et *Richeri ;* juin.

polyodon. — Sur les *Hypericum hirsutum, perforatum* et *quadrangulum, Astragalus cicer* ; depuis juin jusqu'en août. — GOOSSENS la prend en septembre et octobre, surtout à la brume.

radiosa. — *Hypericum perforatum, H. montanum ;* juillet et août. — Juin ; DONZEL.

ERIOPUS

purpureo-fasciata. — *Pteris aquilina;* juillet, août et septembre; ne se
chrysalide qu'au printemps suivant.

Latreillei. — *Ceterach officinarum;* ne ronge que les fructifications;
quatre à six générations par an. — *Adiantum capillus-Veneris;*
en automne et par les temps de pluie; MARTORELL. — Selon
d'autres auteurs, en juin et juillet.

POLYPHŒNIS

sericata. — Les *Lonicera caprifolium* et *xylosteum, Phillyrea angustifolia;* avril; ne mange que la nuit.

TRACHEA

atriplicis. — *Atriplex hortensis, Rumex acetosa, Polygonum persicaria, P. hydropiper;* dans les basses-cours, au bord des
marais et des ruisseaux, le jour se cache sous les plantes; depuis
le mois de juillet, jusqu'en octobre.

TRIGONOPHORA

flammea. — Vit sur plusieurs plantes basses; *Ficaria ranunculoides,
Urtica* et *Rumex,* les *Genista;* GUILLEMOT. — Selon MARTORELL,
entre les feuilles sèches des *Centaurea.* — Passe l'hiver et parvient à toute sa taille au mois de mai. — Mars, MERRIN.

Jodea. — *Prunus spinosa* et les *Genista;* avril et mai.

EUPLEXIA

lucipara. — *Rubus fruticosus, R. saxatilis, Rumex acetosa, Lactuca sativa, Matricaria, Chamomilla, Trifolium, Melilotus,
Echium vulgare, Anchusa officinalis, Chelidonium majus;*
dans les endroits ombragés; août, septembre et octobre.

HABRYNTIS

scita. — *Fragaria vesca, Viola odorata, Pinus abies;* BRUAND; en
juin. — En mai; DONZEL.

BROTOLOMIA

meticulosa. — Différentes Giroflées, Absinthe, *Beta vulgaris, Urtica* *urens* et *U. dioica, Mercurialis annua, Poterium sanguisorba, Primula veris;* a atteint toute sa taille au mois d'avril. — Vit sur une foule de plantes basses, presque toute l'année; BERCE.

MANIA

maura. — *Cratægus oxyacantha, Prunus spinosa, Alnus glutinosa, Salix, Populus, Rubus, Rumex, Alsine;* avril et mai.

NÆNIA

typica. — *Verbascum lychnitis, Cynoglossum officinale, Urtica urens, Salix pentandra, Scrophularia aquatica, Sonchus, Vitis vinifera;* vit en petite famille dans son jeune âge; passe l'hiver; en mai a toute sa taille.

NYSSŒNEMIS

obesa. —Se nourrit la nuit des nombreuses fleurs de *Pterotheca nemausensis;* le jour elle s'enfonce en terre; au commencement de mai, elle entre en terre pour ne se transformer qu'en juillet.

JASPIDEA

celsia. — *Typha latifolia;* racines des arbres forestiers; FREY.

HELOTROPHA

leucostigma.— *Iris pseudo-acorus,* dans les tiges; en juin; DONZEL. — En avril; MERRIN.

HYDRŒCIA

nictitans. — Vit de Graminées, principalement: *Aira cæspitosa;* se tient toujours cachée sous terre; mai et juin.

micacea. — Racines de Cypéracées; se chrysalide en terre, et le papillon éclôt en août et septembre. — *Rumex conglomeratus* et *R. crispus;* dans les tiges et racines; MABILLE.

petasitis. — Tiges et racines de *Petasites vulgaris* et *Arctium lappa;* juin et juillet; MERRIN.

xanthenes. — *Cirsium lanceolatum,* peut-être le *C. tuberosum,* les *Cynara scolymus* et *C. carduncellus;* au printemps et en été; MILLIÈRE.

leucographa. — Passe l'hiver dans les tiges de *Peucedanum officinale;* se chrysalide dans la racine, en juillet.

GORTYNA

ochracea. — *Arctium lappa*, *Verbascum thapsus*, *Scrophularia aquatica*, *Sambucus nigra*, *S. ebulus*, *Cirsium palustre*, dans les tiges ; a atteint toute sa croissance en juillet.

NONAGRIA

cannæ. — *Typha latifolia*, *Carex riparia* ; se transforme en chrysalide commencement juillet.

sparganii. — *Sparganium ramosum*, *Typha angustifolia* le plus souvent ; juillet.

arundinis. — *Typha latifolia*, quelquefois les *T. intermedia* et *angustifolia*. Les *Sparganium* ; MARTORELL ; juillet, août.

geminipuncta. — Intérieur des tiges de l'*Arundo phragmites*. — *Iris pseudo-acorus* ; RENARD. — A toute sa taille en juillet.

neurica. — Intérieur des Joncs ; se transforme en juin et juillet.

SENTA

maritima. — *Spergularia marina* et *S. media* ; août. — Depuis septembre en avril. sur *Phragmites communis* ; MERRIN.

MYCTEROPLUS

puniceago. — *Atriplex nitens*, *Chenopodium polyspermum*, graines vertes ; octobre et novembre.

TAPINOSTOLA

fulva. — Dans les *Carex* et le *Poa aquatica* ; juin et juillet.

Hellmanni. — Racines de l'*Arundo phragmites* ; juin ; MERRIN.

extrema. — La chenille vit dans les Roseaux ; DONZEL.

elymi. — *Elymus arenarius* ; mai ; MERRIN.

JESAMIA

nomagrivides. — Tiges du Maïs, dont elle mange la moelle et aussi, dit-on, dans les tiges du *Sorgho* ; deux ou trois générations se succèdent par année ; BERGE.

cretica. — Champs de Maïs ; depuis octobre, jusqu'en mai.

CALAMIA

lutosa. — Dans les racines de l'*Arundo phragmites;* du 15 juin au 15 juillet; octobre à avril ; MERRIN.

phragmitidis. — *Arundo phragmites;* se retire pendant le jour dans les tiges sèches de cette plante; se transforme en chrysalide en juin.

LEUCANIA

impudens. — *Eriophorum angustifolium;* DONZEL. — Graminées; BOIS-DUVAL, RAMBUR et GRASLIN. — *Arundo phragmites, Glyceria aquatica,* Graminées ; mars.— Se métamorphose au printemps, après avoir passé l'hiver.

impura. — Dans-les bois humides, les prairies marécageuses et le bord des étangs ; *Carex;* avril et mai. — Mai et juin; DONZEL. — *Carex, Dactylis glomerata;* MERRIN.

pallens. — *Rumex acetosa, Alsine media,* et sur les Graminées; au premier printemps et en juin, juillet et août. — Sur les Graminées et autres plantes basses ; mars, avril et août; BERCE. — *Deschampsia cæspitosa ;* d'octobre en mars; MERRIN.

obsoleta. — Intérieur des Joncs, brisés ou tordus, principalement l'*Arundo phragmites ;* y passe l'hiver ; août et septembre.

straminea. — Dans les prairies basses et au bord des ruisseaux; dès février; *Arundo phragmites* et Graminées grossières; mars, avril ; MERRIN.

hispanica. — Graminées, peut-être exclusivement sur les *Piptatherum,* notamment le *P. multiflorum ;* août, septembre et décembre.

sicula. — La chenille vit sur les bords de la mer ; en août; BERCE.

zeæ. — Champs de Maïs, *Zea.*

punctosa. — Sur les Graminées ; en mars; doit éclore en automne, a atteint son entier développement fin février ou mars.

putrescens. — Sur les Graminées; en mars; reste enfermée dans sa coque sans se chrysalider, depuis la mi-mars jusqu'au 15 ou 20 mai.

comma. — *Rumex acetosa,* et différentes plantes basses ; en juillet et au printemps suivant.

conigera. — *Bellis perennis* et Graminées, a toute sa taille en avril et mai. — Février et mars ; selon BERCE. — *Triticum repens* et autres Graminées ; MERRIN.

vitellina. — Sur les Graminées; les *Rumex*, *Plantago*, *Lactuca;* commencement du printemps et en automne.

littoralis. — *Calamagrostis arenaria* et quelquefois *Triticum acutum ;* mange les feuilles et surtout les graines ; de janvier à mai.

Loregi. — Graminées; au printemps et en automne.

riparia. — Avril ; BERCE.

l. album. — *Carex pallescens* et différentes plantes basses ; avril, mai, juin, août. — Particulièrement, *Milium multiflorum ;* MARTORELL. — Vivant de plantes basses dans le voisinage des marais et dans les prairies humides ; BERCE.

congrua. — Dans les prairies et les endroits herbeux ; fin de l'automne ; encore très petite sur les tiges de maïs où elle se tient cachée entre les feuilles; puis dans le courant de l'été.

albipuncta. — *Plantago major*, *Bromus mollis*, et autres Graminées à feuilles molles; avril et mai; reparaît de nouveau pendant l'été. — En août, dit MARTORELL.

lithargyria. — *Alsine media*, *Plantago*, *Bromus pinnatus ;* passe l'hiver; avril et mai. — En décembre, suivant MARTORELL. — En janvier ; MERRIN.

turca. — Principalement *Briza media*, *Luzula vernalis;* les Graminées des bois, dans les tiges, passe l'hiver; se trouve février, mars et avril; se chrysalide en juin.

MITHYMNA

imbecilla. — *Gentiana ;* et plusieurs plantes basses; juillet; se métamorphose commencement octobre.

GRAMMESIA

trigrammica. — *Plantago lanceolata ;* de mai à octobre; croît lentement ; passe l'hiver en société. — *Plantago major* et autres plantes, se cache le jour dans les racines ; MERRIN.

STILBIA

anomala. — Vit exclusivement de Graminées; dans les clairières des bois; a toute sa grosseur dans le courant de février.

CARADRINA

exigua. — Plusieurs espèces de *Convolvulus ;* en automne ; Berce. — Sur le *Polygonum persicaria ;* suivant Himmighoffen. — Champs de blé ; Daube.

morpheus. — *Convolvulus sepium* et plantes basses ; septembre et octobre.

quadripunctata. — Plantes basses ; au printemps.

fuscicornis. — *Scrophularia ramosissima ;* en juillet ; Rambur.

Kadenii. — Différentes plantes basses ; mars et avril; Berce.

Germainii. — Chrysalide au pied d'un Cyprès ; printemps.

pulmonaris. — *Pulmonaria angustifolia.* — Guénée pense qu'elle doit vivre d'abord dans les chatons, d'où elle descend ensuite sur les *Pulmonaria ;* au printemps.

respersa. — *Taraxacum dens-leonis ;* Graminées, Joubarbe blanche ; Bruand ; passe l'hiver sous des pierres ; au printemps, principalement dans les pâturages secs ; se transforme fin avril.

alsines. — *Stellaria media, Plantago* et *Rumex.* — *Scabiosa ;* Martorell. — Février et mars.

superstes. — *Stellaria media, Plantago* et *Rumex ;* février et mars.

ambigua. — *Plantago major, Urtica urens* et *V. dioica ;* s'élève bien avec le *Stellaria media ;* mars.

taraxaci. — *Plantago, Rumex* et *Alsine ;* février et mars.

lenta. — Sur les plantes basses ; mai ; Guénée.

pallustris. — *Plantago* et autres plantes basses ; en juillet et août.

arcuosa. — *Aira cœspitosa ;* mai ; Merrin.

ACOSMETIA

caliginosa. — Sur les Graminées ; vit en hiver.

RUSINA

tenebrosa. — *Plantago lanceolata ;* les plantes basses, principalement les *Viola ;* février et mars.

AMPHIPYRA

tragopogonis. — *Tragopogon, Spinacia oleracea, Rumex patientia,*

Brassica oleracea, Serratula; sur une multitude de plantes basses, sans en affectionner aucune ; BERCE ; en juin.

tetra. — *Alsine media,* FABRICIUS. — *Stellaria, Hieracium;* FREY.

livida. — *Taraxacum officinale* et différentes plantes basses.

pyramidea. — *Prunus domestica, Juglans regia, Cratægus oxyacantha, Salix alba, Quercus robur, Prunus spinosa, Ulmus campestris, Populus;* mai et juin.

effusa. — Les *Cytisus argenteus, candicans* et *spinosus, Daphne gnidium,* les *Erica arborea* et *scoparia, Lavatera olbia,* les *Cistus albidus, salvifolius* et *monspeliensis ;* éclôt en décembre, passe l'hiver et se chrysalide fin avril.

perflua. — *Ulmus campestris, Prunus domestica, Quercus robur, Prunus spinosa, Cratægus oxyacantha ;* se chrysalide milieu de juillet.

cinnamomea. — Principalement sur l'*Ulmus campestris* et aussi sur le *Prunus spinosa, Populus* et peut-être *Quercus robur ;* mai et juin. — Juin et juillet ; DONZEL.

PERIGRAPHA

cincta. — Plusieurs espèces de *Rumex;* HUBNER. — Chenille glabre, d'un violet pâle, avec quatre lignes latérales et une dorsale jaune, la tête est fauve.

TÆNIOCAMPA

gothica. — *Lonicera xylosteum, Corylus avellana, Galium aparine, Medicago sativa, Rumex acetosa.* — *Genista ;* BERCE. — en juin, juillet et octobre. — Mars et avril ; MARTORELL.

miniosa. — *Quercus robur ;* mai. — Vit en juin sur le *Thymus communis, Anemone stellata, Erica arborea,* etc.; MILLIÈRE.

pulverulenta. — *Quercus robur, Ulmus campestris, Tilia europæa ;* juin et juillet.

populeti. — Les *Populus tremula, fastigiata* et *alba ;* juin, juillet ; MERRIN.

stabilis. — *Cerasus, Prunus, Quercus robur, Ulmus campestris, Alnus glutinosa,* etc.; mai et juin.

gracilis. — *Lysimachia vulgaris, Quercus robur* et différentes plantes basses ; mai et juin.

incerta. — *Quercus robur, Amygdalus communis,* quelquefois *Cra-*

tægus oxyacantha. — Je l'ai trouvée et élevée sur le *Centaurea jacea.* — En mai; les auteurs indiquent juillet, août et septembre.

opima. — *Salix caprea;* juin. — *Quercus;* FREY.

munda. — *Quercus robur;* juin et juillet. — Polyphage : arbres fruitiers, Chêne, Hêtre, Peuplier, Tilleul ; FREY.

PANOLIS

piniperda. — *Pinus sylvestris, P. abies.* — Les Pins et les Sapins ; BERCE. — Mai, juin, juillet et août.

PACHNOBIA

leucographa. — *Plantago ;* juin et juillet ; MERRIN. — Aussi *Stellaria, Taraxacum,* Bruyères ; FREY.

rubricosa. — *Fragaria vesca, Digitalis parviflora* et sur un grand nombre de plantes basses : juin et juillet. — Selon MILLIÈRE, sur diverses Anémones, le Ficaire à grandes fleurs, et une fois sur la Bruyère arborescente.

MESOGONA

oxalina. — Plantes basses; en captivité, jeunes pousses de *Salix;* a toute sa taille à la fin de mai.

acetosellæ. — Se nourrit de plantes basses et se cache pendant le jour; fin mai, commencement de juin. — *Quercus;* FREY.

DICYCLA

oo. — *Quercus robur;* elle se tient entre des feuilles reliées par de la soie à la manière des Micros ; mai et juin.

CALYMNIA

pyralina. — *Ulmus campestris, Cratægus oxyacantha, Quercus robur.* — Pommier sauvage ; BRUAND. — Septembre, mai. — En juin sur le Poirier ; DONZEL.

diffinis. — *Ulmus campestris ;* principalement ceux des routes ; mai et juin.

affinis. — *Ulmus campestris;* principalement ceux des routes. — BRUAND dit dans les bois. — Mai.

trapezina. — *Quercus robur, Ulmus campestris, Tilia europæa, Fagus sylvatica, Acer campestre, Corylus avellana, Betula alba, Carpinus betulus ;* mai et juin.

COSMIA

paleacea. — *Betula alba, Quercus robur ;* juin.

abluta. — *Salix alba* et *Populus ;* a toute sa taille fin mai.

DYSCHORISTA

suspecta. — *Betula alba, Populus ;* mai ; MERRIN.

fissipuncta. — *Populus* et *Salix* ; *Acer campestre*, selon TREITSCHKE ; se tient cachée le jour sous les Lichens et les Mousses ; mai. — Juin ; MILLIÈRE.

PLASTENIS

retusa. — *Salix* et *Populus ;* mai et juin.

subtusa. — Les *Populus* et les *Salix ;* entre les feuilles ; mai et juin.

CIRRŒDIA

ambusta. — *Pyrus nivalis, Prunus domestica ;* mai.

xerampelina. — *Fraxinus excelsior* ; CONSTANT. — Aussi sur le Sycomore, pendant le jour se cache au pied, sous les feuilles sèches ou les mousses du tronc ; avril, mai ; se chrysalide en juillet.

CLEOCERIS

viminalis. — Les Saules, l'Osier, à l'extrémité des branches, entre les feuilles qu'elle roule et attache, avec des fils de soie ; avril et mai.

ANCHOCELIS

lunosa. — Mange des Graminées, dans les endroits arides et élevés, se cache sous les pierres ; en avril.

ORTHOSIA

ruticilla. — *Quercus ilex, Quercus suber ;* mai et juin.

lota. — *Salix pentandra* et d'autres espèces de *Salix ; Coriaria myrtifolia*, d'après MARTORELL ; mai et juin.

macilenta. — *Plantago lanceolata, Alsine media, Fagus sylvatica*, probablement les *Salix*, les *Populus ;* dans les mousses et les feuilles sèches, principalement au pied des *Fagus ;* mai et juin.

cercellaris. — *Quercus robur, Populus tremula, Salix caprea, Rumex acetosa ;* s'enterre. — LE ROI ne mentionne que les *Rumex*.

helvola. — *Quercus robur* ; s'enterre; mai.

pistacina. — *Lychnis dioica ;* sur différentes plantes basses : Les *Rumex crispus, acetosa, patientia*, et quelquefois sur les *Ulmus campestris* qui bordent les routes ; avril, mai, juin. — *Pistacia lentiscus* et *Phillyrea angustifolia ;* en hiver et en automne ; MARTORELL.

hœmatidea. — *Rhamnus alaternus ;* en hiver.

nitida. — Différentes espéces de *Veronica, Primula officinalis*, et diverses plantes basses; mars, avril, mai.

humilis. — *Triticum repens, Sonchus oleraceus* et plusieurs autres plantes herbacées ; mai et juin ; DONZEL.

lævis. — Vit, dit-on, sur le *Quercus robur ;* BERCE,

litura. — Les plantes basses; se tient cachée le jour sous les feuilles sèches et les broussailles, surtout au pied des *Genista ;* en mai.

XANTHIA

citrago. — Vit en société sur le *Tilia microphylla*, dont elle mange les feuilles les plus basses. — *Tilia* en général ; BERCE. — Chatons de *Salix capræa ;* LE ROI. — D'après DONZEL, il faut mouiller les chrysalides pour qu'elles n'avortent pas. En mai et juin.

sulphurago. — *Acer campestre ;* mai.

aurago. — *Fagus sylvatica*, entre les feuilles qu'elle lie ensemble ; TREITSCHKE. — Sur les *Populus ;* ESPER ; mai.

flavago. — *Salix caprea*, suivant ESPER ; avril. — LE ROI ne détermine pas quel *Salix*, je suppose que dans le nord elle se prend ailleurs que sur le *Salix caprea*.

fulvago. — *Betula alba*, chatons du *Salix caprea ;* juin. — Avril, suivant GUÉNÉE.

gilvago. — Se nourrit de diverses plantes, mais elle préfère les jeunes pousses des *Populus, Ulmus campestris ;* en juin, dans les feuilles sèches et les broussailles.

ocellaris. — Bourgeons des Peupliers; mai, juin ; LE ROI.

HOPORINA

croccago. — *Quercus robur ;* fin mai, commencement juin.

ORRHODIA

fragariæ. — Sur les plantes basses; FREY.

erythrocephala. — Toutes les plantes basses, sous les feuilles sèches; mai.

vau punctatum. — *Cratægus oxyacantha*, *Prunus spinosa*, *Ribes uva-crispa*, *Brassica oleracea;* avril et mai.

Daubei. — *Buxus sempervirens*, dont elle ronge les jeunes pousses; se tient cachée; commencement mai.

vaccinii. — *Plantago media*, *Prunus spinosa*, *Cratægus oxyacantha*, les *Rumex*, les *Alsine*, *Quercus robur;* assez commune au pied des Chênes, sous les mousses et les feuilles sèches; avril, mai, juin et juillet. — Suivant TREITSCHKE, dit DONZEL, sur les *Rubus* et *Vaccinium*.

ligula. — Les plantes basses dans sa jeunesse; *Prunus spinosa*, *Cratægus oxyacantha*, *Erica vulgaris;* se cache le jour sous les feuilles sèches et sous les pierres ; en mai.

rubiginea. — Toutes sortes d'arbres fruitiers sauvages, diverses plantes basses principalement les Chicoracées et le *Quercus robur;* mai, juin et juillet. — Mai; BERCE.

Staudingeri. — Chicoracées et *Plantago ;* commencement de juin.

SCOPELOSOMA

satellitia. — *Quercus robur*, *Ulmus campestris*, *Cratægus oxyacantha*, *Rubus;* surtout au pied des Ormes, sous les feuilles sèches et les broussailles; a toute sa taille en juin.

SCOLIOPTERYX

libatrix. — Les *Salix* et les *Populus ;* en été et en automne.

XYLINA

semibrunnea. — *Fraxinus excelsior;* mai.

socia. — *Quercus robur*, *Tilia europæa*, *Ulmus campestris*, *Prunus domestica;* mai et juin.

furcifera. — Les *Alnus glutinosa* et *viscosa*, *Betula alba*, *Quercus robur*, *Populus;* juin et juillet. — Avril; MERRIN.

lambda. — *Myrica gale ;* mai et juin; MERRIN.

ornitopus. — *Quercus robur*, *Populus tremula* et plusieurs *Salix;* mai, commencement de juin.

lapidea. — Les *Juniperus virginea*, *sabina*, *cupressifolia* et *tamarisci-folia ;* les Cyprès horizontal et pyramidal; mai et juin.

Merckii. — *Alnus viscosa;* mai, se chrysalide en terre ; Rambur.

CALOCAMPA

vetusta. — *Scabiosa succisa, Statice limonium,* les *Carex, Urtica dioica* et *Populus;* Merrin ; mai, juin et juillet.

exoleta. — *Urtica dioica,* sur un grand nombre de plantes de familles très éloignées tels que *Scabiosa succisa, Cucubalus behen, Ononis arvensis, Silene otites,* les *Genista;* juin et juillet. — Avril ; Merrin.

solidaginis. — *Vaccinium vitis idæa, Myrtillus;* on peut la nourrir à son défaut de *Pyrus malus ;* a toute sa taille fin juin .

XYLOMYGES

conspicillaris. — Sur presque toutes les plantes, mange aussi des racines de Graminées, s'enterre en août. — Plantes basses, *Genista;* juin ; Berce.

SCOTOCHROSTA

pulla. — Sur les plantes basses en mai ; Treitschke.

ASTEROSCOPUS

nubeculosus. — *Betula alba, Ulmus campestris, Quercus robur, Tilia europæa, Cratægus oxyacantha, Prunus spinosa, Populus tremula, Prunus cerasus, etc.* ; Berce ; mai et juin ; passe l'hiver en chrysalide.

sphinx. — *Quercus robur, Tilia europæa, Salix caprea, Fagus sylvatica, Prunus cerasus, Ulmus campestris.* — Se prend fréquemment sur le *Cratægus oxyacantha, Prunus spinosa;* Berce. — Du 20 mai au 15 juin, selon Donzel et moi ; principalement sur l'*Ulmus campestris.*

DASYPOLIA

templi. — *Heracleum sphondylium,* tiges et racines; éclôt au printemps, acquiert pendant l'été son développement complet.

XYLOCAMPA

areola *(lithoriza)*. — Les *Lonicera caprifolium, peryclymenum* et principalement le *xylosteum ;* juin et juillet. — Mars et avril ; Martorell.

LITHOCAMPA

ramosa. — Les *Lonicera*, dans les montagnes ; juillet et août.

Millierei. — *Lonicera xylosteum ;* septembre et octobre. — En mai et septembre ; Martorell.

EPIMECIA

ustula. — *Scabiosa leucantha,* dévore les fleurs ; mai et août. — De juillet à septembre ; Martorell.

CALOPHASIA

casta *(opalina).* — Les *Linaria* et l'*Antirrhinum majus.* — *Scabiosa ;* Martorell. — Toute la belle saison ; quelques-unes passent l'hiver.

platyptera. — *Lynaria vulgaris.*

lunula *(linariæ).* — Les *Linaria vulgaris, pelliceriana, repens ;* juillet et milieu d'octobre. — Juin, juillet, puis août et septembre ; Berce.

CLEOPHANA

anterrhini. — *Linaria vulgaris, Euphorbia cyparissias, Scabiosa leucantha, Antirrhinum linaria.* — Les *Lonicera ;* Martorell croit qu'elle a deux générations ; au printemps et en octobre. — A la mi-septembre.

serrata. — Sur plusieurs espèces de *Scabiosa ;* en mai et juin.

CUCULLIA

verbasci. — Les *Verbascum thapsus, phlomoides, lychnitis* et *nigrum,* les *Scrophularia canina* et *aquatica ;* depuis le mois de mai jusque vers la fin d'août.

scrophulariæ. — Les *Scrophularia aquatica* et *nodosa,* quelquefois *Verbascum blattaria ;* juillet et août.

lychnitis. — Les *Verbascum lychnitis, pulverulentum, nigrum, phlomoides* et *sinuatum ;* fleurs et fruits ; juillet et août ; Rambur. — Juillet, août et septembre ; Berce.

(Var.) **rivularum.** — Exclusivement sur les *Scrophularia ;* en juillet et

dans les endroits humides. — Le type sur les terrains pierreux arides et élevés ; GUÉNÉE.

thapsiphaga. — *Verbascum thapsus, Scrophularia canina, Verbascum lychnitis ;* en juin et août ; GUÉNÉE.

scrophulariphaga. — *Scrophularia ramosissima ;* se cache souvent au bas des tiges sous les feuilles inférieures ; mai, juin.

blattariæ. — Les *Scrophularia canina* et *ramosissima,* les *Verbascum lychnitis, thapsus* et quelques autres espèces rameuses, quelquefois le *Scrophularia aquatica ;* aime surtout les fleurs et les fruits ; juin, juillet, août.

asteris. — *Solidago virgaurea,* les *Aster* et différents *Chrysanthemum* sauvages et cultivés : juillet, août, septembre.

balsamitæ. — Sur un *Hieracium ;* en mai ; GUÉNÉE.

umbratica. — Les *Sonchus oleraceus* et *arvensis, Peucedanum, Campanula, Cichorium ;* depuis juillet jusqu'en septembre.

lactucæ. — *Lactuca sativa, Lampsana communis,* les *Sonchus arvensis* et *oleraceus, Prenanthes muralis.* — Je l'ai surtout remarquée sur les *Sonchus arvensis* et *oleraceus,* dans les vignes ; depuis juillet jusqu'en septembre.

lucifuga. — *Prenanthes purpurea ;* août ; BOISDUVAL, RAMBUR et GRASLIN. — Vit sur les Chicoracées ; DONZEL.

campanulæ. — *Matricaria chamomilla :* a toute sa taille en août. — *Campanula rotundifolia ;* FREY.

santolinæ. — Les *Artemisia arborea* et *campestris ;* juin, juillet et avril.

chamomillæ. — *Matricaria chamomilla,* les *Anthemis cotula, arvensis* et *nobilis,* les *Chrysanthemum ;* avril et en juin. — Juin, juillet et premiers jours d'août, sur les fleurs ; BERCE.

anthemidis. — De la mi-septembre à fin octobre, *Aster acris ;* passe souvent deux ans en chrysalide ; MILLIÈRE.

tanaceti. — *Tanacetum vulgare,* les *Artemisia absinthium, vulgaris* et *abrotanum, Matricaria chamomilla, Parthenium, Achillea millefolium ;* a toute sa taille en août et septembre.

santonici. — *Artemisia absinthium ;* BOISDUVAL.

xeranthemi. — *Aster acris ;* MILLIÈRE.

gnaphali. — Sur les même plantes que le *C. asteris ;* principalement *Solidago virgaurea ;* courant juillet et dans le commencement du mois d'août.

scopariæ. — *Artemisia scoparia.*

artemisiæ. — Les *Artemisia abrotanum, absinthium, campestris*, les *Matricaria chamomilla*, et *dracunculus ;* ne mange que les fleurs ; en août.

absinthii. — Les *Arthemisia absinthium* et *vulgaris ;* mange les fleurs ; en automne.

formosa. — *Artemisia camphorata.*

argentea. — *Artemisia campestris ;* depuis juillet jusqu'en septembre.

argentina. — Vit sur diverses espèce d'Absinthe dans les steppes ; GUÉNÉE.

EURHIPIA

adulatrix. — Les *Pistacia terebinthus* et *lentiscus* : mai à novembre et même décembre.

CALPE

capucina. — Les *Thalictrum flavum, minus* et *angustifolium ;* dévore les fleurs ; mai, juin, juillet. — BERCE indique seulement le mois de mai.

TELESILLA

amethystina. — *Peucedanum officinale ;* juillet et août.

PLUSIA

triplasia. — *Urtica dioica, Humulus lupulus ;* GUILLEMOT ; juillet, août, septembre et octobre. — Juillet et octobre ; BERCE.

asclepiadis. — *Asclepias vincetoxicum ;* ne mange que la nuit ; en juillet.

tripartita. — *Asclepias vincetoxicum ;* juillet et août. — En juillet et en octobre sur les *Urtica ;* BERCE.

c. aureum. — Les *Thalictrum aquilegifolium* et *flavum ;* mai et juin.

moneta. — Les *Aconitum lycoctonum* et *napellus*, les *Helianthus tuberosus* et *annuus, Arctium lappa, Cucumis sativa ;* en juillet.

cheiranthi. — *Thalictrum flavum ;* avril et mai.

uralensis. — *Aconitum anthora ;* a toute sa taille fin juin.

illustris. — Les *Aconitum lycoctonum* et *anthora, Thalictrum aquilegifolium ;* a toute sa taille en juin.

modesta. — *Pulmonaria angustifolia, Arum maculatum ;* avril et mai.

chrysitis. — *Urtica dioica, Lamium album, Galeopsis tetrahit, Arctium lappa ;* de mai à septembre.

chryson. — *Eupatorium cannabinum ;* juin et juillet.

bractea. — *Eupatorium cannabinum ;* mai, juin ; MERRIN. — *Hiera-cium pilosella, Taraxacum* et *Picris hieracioides ;* WULLS-CHLEGEL.

festucæ. — *Festuca fluitans, Iris pseudo-acorus, Sparganium ramo-sum, Arundo phragmites, Carex riparia.* — LE ROI n'indique que *Carex.* — En juin et juillet.

accentifera. — Diverses *Mentha : M. aquatica, insularis ;* depuis janvier et février, jusqu'à la fin de l'année.

gutta. — Les *Urtica.* — Une grande partie de l'année sur les *Mentha ;* MARTORELL.

chalcytes. — *Parietaria officinalis,* les *Urtica dioica* et *urens, Cytisus argenteus,* les *Solanum nigrum* et *dulcamara, Lycopersicum esculentum ;* pendant neuf ou dix mois de l'année. — En Espagne, particulièrement le *Solanum miniatum.*

iota. — Les *Urtica dioica* et *urens,* les *Lamium album* et *hirsutum, Arctium lappa, Galeobdolon luteum,* les *Lonicera periclyme-num* et *caprifolium, Senecio vulgaris ;* avril, juin et juillet.

pulchrina. — Les *Lonicera ;* avril, juin et juillet.

gamma. — *Urtica dioica, Lamium album,* et sur presque toutes les plantes basses ; premier printemps jusqu'en automne.

circumflexa. — Plantes basses.

Daubei. — *Sonchus maritimus ;* en captivité avec les *Chicoracées.*

ni. — Est polyphage ; peu connue.

interrogationis. — *Urtica urens ;* mai et juin. — *Vaccinium uliginosum ;* FREY.

devergens. — GUÉNÉE suppose que la chenille est polyphage.

ANOPHIA

leucomelas. — *Convolvulus sepium* et la plupart des *Convolvulus* spontanés de la Provence, fleurs et feuilles ; MILLIÈRE ; en mai. — Avril et mai, juillet à décembre, suivant MARTORELL.

ŒDIA

funesta. — *Convolvulus sepium.*

AMARTA

myrtilli. — Les *Vaccinium myrtillus* et *uliginosum,* les *Erica vulgaris* et *tetralix ;* depuis juin jusqu'à octobre. Ces dernières passent l'hiver.

cordigera. — *Vaccinium uliginosum ;* août.

HELIACA

tenebrata. — *Cerastium arvense,* mange les capsules ; juin.

HELIOTHIS

cognatus. — *Prenanthes purpurea.*

cardui. — *Jacobæa vulgaris, Picris hieracioides* et plusieurs *Chicora-cées ;* juillet et août.

ononis. — *Ononis spinosa, Salvia pratensis ;* vit en été.

dipsaceus. — *Rumex acutus,* les *Dipsacus fullonum, arvensis* et *pilosus, Cichorium intybus,* les *Centaurea nigra, jacea, scabiosa* et *cal-citrapa,* les *Plantago major, media* et *lanceolata, Lychnis dioica, Silene inflata, Cucubalus baccifer ;* mars, juin, août et septembre. — Principalement les *Linaria ;* BERCE.

maritimus. — *Spergularia marina* et *S. media ;* juillet et août ; BERCE.

scutosus. — *Artemisia campestris ;* commencement de mai à la mi-juin ; fin août à mi-septembre.

peltiger. — *Hyosciamus niger ;* STAINTON. — *Senecio viscosus ;* BELLIER DE LA CHAVIGNERIE et GUILLEMOT. — *Ulex europæus ;* TRIMOULET. — *Salvia pratensis ;* carnassière. — Juin et juillet. — Sur diverses plantes basses, principalement *Bellis sylvestris,* à Hyères ; novembre, décembre ; DONZEL. — A Lyon, se prend sur le Souci des jardins ; AUSTAUT.

armiger. — *Plantago, Cucurbita, Nicotiana, Medicago, Cannabis sativa, Zea Maïs, Ulex europæus, Reseda lutea ;* STAINTON. — Sur une multitude de plantes basses ; DONZEL. — Août, septembre et octobre. — *Inula viscosa ;* avril, mai et août ; MARTORELL.

incarnatus. — La larve est figurée dans MENETRIES.

CHARICLEA

delphinii. — Les *Delphinium consolida,* et *Ajacis, Aconitum napellus* et *A. lycoctonum,* dont elle mange les fleurs et surtout les fruits ; très carnassière ; de juin à fin septembre.

victorina. — Sur la semence d'un *Salvia ;* au mois de juin ; J. LEDERER.

umbra. — *Ononis spinosa, Geranium pratense,* les *Ononis repens* et *arvensis, Robinia hispida,* fleurs et boutons ; fin juillet et août.

XANTHODES

malvæ. — *Lavatera olbia, Malva officinalis* et *M. moschata* ; la génération d'été en mai, opère rapidement sa transformation ; la génération d'automne se chrysalide quelquefois avant l'hiver.

Graelsii. — Les *Lavatera,* principalement le *L. olbia,* se métamorphose en août.

EUTERPIA

laudeti. — *Silene otites ;* juin.— *Silene otites,* variété *volgensis,* Spr.; en juillet ; Lederer. — *Gypsophila* et *Silene ;* Frey.

ACONTIA

urania. — Se tient en repos sur la surface supérieure des feuilles d'une *Althæa ;* J. Lederer.

lucida *(solaris).* — Plusieurs espèces de *Trifolium* et *Chenopodium, Taraxacum dens-leonis,* les *Convolvulus ;* en juin et septembre. — Les Malvacées ; fin juillet ; Millière.

luctuosa. — *Plantago major,* les *Convolvulus,* les *Malva ;* mai et juin.

viridisquama. — Sur une Malvacée ; juillet ; de Graslin.

THALPOCHARES

Dardouini. — Dans les capsules de l'*Anthericum ramosum ;* Frey.

lacernaria. — Vit sur les *Phlomis,* dont elle lie les feuilles ; Guénée.

hansa. — Haberhauer a découvert, dit Lederer, la chenille de cette espèce sur un *Echinops ;* elle est adulte fin juin.

ostrina. — La chenille vit sur les *Carlina* et autres plantes analogues ; Martorell.

parva. — Réceptacle des *Inula montana* et *viscosa, Centaurea calcitrapa ;* octobre et novembre.

paula. — *Gnaphalium dioicum ;* Treitschke.

helychrysi. — *Helichrysum angustifolium,* se tient à l'extrémité des tiges ; avril, juin et juillet ; Rambur.

Himmighoffeni. — Himmighoffen suppose qu'elle doit vivre sur quelques plantes basses, telles que *Plantago, Helychrysum* ou *Scabiosa.*

ERASTRIA

argentula. — Différentes espèces de Graminées ; en mai ; DUPONCHEL. — Août et septembre ; BERCE. — Juillet ; catalogue de Belgique.

uncula. — *Carex*, dans les prés humides ; en août. — *Cyperus* et différentes espèces de *Carex* ; FREY.

obliterata. — Les *Artemisia cœrulescens* et *absinthium* ; a tout son développement fin juin.

venustula. — *Corylus avellana, Quercus robur, Prunus spinosa, Juniperus communis* ; août.

scitula. — Vivrait, selon HIMMIGHOFFEN, sur les pêchers ; MILLIÈRE.

numerica. — *Santolina* ; juillet. — De mai à juillet, sur des plantes aromatiques ; BERCE.

deceptoria. — Sur différentes plantes basses et arbustes ; juillet, août.

fasciana. — Différents *Rubus*, se chrysalide au milieu de mai ; DUPONCHEL. — En août et septembre ; BERCE.

AGROPHILA

trabealis. — *Convolvulus arvensis* et *C. sepium* ; juillet et août.

HÆMEROSIA

renalis. — *Chondrilla juncea*, les *Lactuca sativa, ramosissima, fœtida* et *sylvestris* ; mange les étamines ; fin septembre et octobre ; MILLIÈRE, DAUBE.

METOPONIA

Kækeritziana. — Sur les *Delphinium*, dans les lieux secs ; juillet et août ; GUÉNÉE.

MEGALODES

eximia. — *Althæa*, boutons des fleurs ; adulte depuis la fin de juin jusqu'à la mi-juillet ; se chrysalide sous terre ; JULIEN LEDERER.

METOPTRIA

monogramma. — Dans les fleurs du *Psoralea bituminosa* ; se transforme à la fin de juillet.

EUCLIDIA

mi. — Différentes espèces de *Trifolium*, *Medicago*, *Ononis spinosa*
— *Myrica gale ;* Goossens ; juin, août et septembre. — Juillet
et août ; Berce.

glyphica. — *Trifolium*. — Différentes espèces de *Trifolium* et sur
l'*Ononis spinosa ;* juin, août et septembre ; Berce. — Se chrysalide fin juillet et fin septembre.

CEROCALA

scapulosa. — *Helianthemum halimifolium* et sa variété *sanguineum ;*
à la fin d'avril et à la fin de juillet elle a acquis toute sa grosseur.

PERICYMA

albidentaria. — Vit sur une plante épineuse qui doit être ou un *Ulex* ou
un *Genista ;* printemps.

LEUCANITIS

Callino. — *Salix viminalis ;* fin septembre.

stolida. — *Rubus*, d'après Dahl. ; chenille peu connue. — Se nourrit des
feuilles du *Quercus* et du *Coriaria myrtifolia ;* en juillet ; Martorell.

GRAMMODES

bifasciata. — *Polygonum persicaria* et aussi *Cystus salvifolius ;*
Martorell ; depuis fin mai jusqu'en décembre. — D'après Guénée,
le *Smilax* et les *Rubus*.

algira. — *Rubus*, *Salix* et *Punica granatum* ; Millière ne l'a jamais
rencontré que sur la Ronce des haies. — De juin en août et fin
octobre.

PSEUDOPHIA

illunaris. — Sur les *Tamarix*, le *T. gallica* principalement ; septembre,
octobre et novembre ; on la rencontre aussi dès la mi-juillet à sa
taille.

lunaris. — *Quercus robur* et aussi sur le *Populus tremula ;* juillet ;
Treitschke. — Juin, juillet ; Donzel.

tirrhæа. — Les *Pistacia terebinthus* et *lentiscus*, *Rhus coriaria*, *Cratægus oxyacantha*; milieu de septembre et octobre. — Elle vit à Hyères, en été, en automne et même en hiver ; Donzel.

CATEPHIA

alchymista. — *Quercus robur*, *Ulmus*; en août.

CATOCALA

fraxini. — *Fraxinus excelsior*, *Populus tremula* et *P. fastigiata*, *Ulmus campestris*, *Betula alba*, *Corylus avellana*, *Acer campestre*, *Castanea vulgaris*; quelquefois sur les *Salix* d'après Berce ; commencement de juillet jusqu'à la fin d'août.

elocata. — Les *Populus alba*, *nigra* et *fastigiata*; Berce indique les *Salix* et les *Populus*. — Pour moi, je ne l'ai jamais trouvée sur les *Salix*; juin et juillet.

nupta. — *Salix alba*, *Ulmus campestris*, *Populus*; mai et juin.

dilecta. — *Qercus robur*.

sponsa. — *Quercus robur*; mai et juin; Donzel et Godart. — Avril; Merrin.

promissa. — *Quercus robur*; mai.

conjuncta. — *Quercus robur*; mai.

pacta. — *Salix cinerea*.

optata. — *Salix caprea* et *S. viminalis*; se chrysalide vers la fin de juillet.

electa. — Les *Salix alba*, *caprea*, *viminalis* et *vitellina*, *Tilia europæa*, *Populus fastigiata*; juin et juillet.

puerpera. — *Salix incana* et *S. helix*; Millière ; en juin.

neonympha. — Chenille sur le *Glycyrhiza*; Lederer. — En juin, sur la réglisse; Guénée.

nymphæa. — Les *Quercus ilex*, *suber* et *coccifera*; mai, juin; Donzel. — Millière suppose qu'elle vit sur l'Olivier.

paranympha. — *Prunus insititia*, *Berberis vulgaris*, *Prunus spinosa*; se métamorphose commencement de juin. — D'après Berce, vit en mai sur le *Prunus spinosa* et sur le *Cratægus oxyacantha*; Donzel.

hymenæa. — *Prunus spinosa*; selon Treitschke.

conversa. — Il est probable qu'elle vit sur le *Quercus robur*; Berce.

diversa. — *Quercus robur*; mai.

nymphagoga. — *Quercus ilex* et *Q. suber;* mai.

SPINTHEROPS

spectrum. — *Genista pilosa* et *G. juncea;* principalement sur ce dernier; a toute sa taille en mai.

cataphanes. — *Ulex europæus;* BERCE. — *Genista purgans*; MILLIÈRE; en juillet. — En mai suivant BERCE.

dilucida. — Vit sur le *Genista;* en juin; MARTORELL. — *Hipocrepis comosa, Onobrychis* et *Medicago;* FREY.

EXOPHILA

rectangularis. — Chenille sur les arbrisseaux de *Celtis;* J. LEDERER.

TOXOCAMPA

lusoria. — *Astragalus glycyphyllos*, *Vicia racica*; mai, juin et juillet; DONZEL.

pastinum. — *Vicia cracca;* en mai; GUÉNÉE. — *Astragalus* et *coronilla;* FREY.

viciæ. — *Vicia dumetorum;* mai, juin et septembre; GUÉNÉE.

craccæ. — Les *Vicia cracca, multiflora, sativa;* mai et juin. — Le Plantain et les Légumineuses; MARTORELL. — Juin et juillet; DONZEL.

limosa. — *Vicia cracca, Coronilla varia;* avril, mai et septembre; GUÉNÉE.

AVENTIA

flexula. — *Lichen stellaris* et *L. parietinus*, principalement Lichen des Hêtres; avril, mai et juin. — Lichens des *Prunus* et *Cratægus;* FREY.

BOLETOBIA

fuliginaria. — Plusieurs espèces de Mousses, principalement le *Bryum murale, Lichen parietinus,* bois pourri; a toute sa taille à la fin de juin. — Sur les Bolets secs qui croissent sur le bois pourris, et, dit-on, sur certains Lichens; en juillet; GUÉNÉE.

HELIA

calvaria. — *Rumex acutus* et *R. obtusifolius,* au pied des arbres; mai et juin. — Sur les Saules et les Peupliers; FREY.

NODARIA

nodosalis. — Est polyphage ; fin septembre, octobre.

ZANCLOGNATHA

tarsiplumalis. — Polyphage ; sur les plantes basses ; FREY.

grisealis. — *Chrysosplenium alternifolium;* on l'élève aussi avec le *Galium album* et le *Rumex acetosa*. — *Betula alba;* FOUARD. — Se transforme à la fin de mai.

tarsipennalis. — Framboisier? mange volontiers le *Polygonum aviculare* et le Saule ; depuis août jusqu'en avril ; MERRIN.

emortualis. — Feuilles sèches des Chênes ; DE TISCHER. — D'après TREITSCHKE, les Lichens du Chêne ; en septembre et octobre.

MADOPA

salicalis. — *Salix triandra,* et *S. caprea;* différentes espèces de *Salix;* se transforme commencement juin.

HERMINIA

cribrumalis. — *Salix, Carex sylvatica, Luzula pilosa;* depuis août à avril ; MERRIN.

crinalis. — *Rubia peregrina;* en captivité se nourrit de *Rubus, Lonicera, Rosa* et *Quercus;* passe l'hiver et se transforme en mars.

tentacularia. — Sur les *Hieracium;* FREY.

derivalis. — Chenilles dans les bois, parmi les feuilles des chênes morts ; depuis août à avril ; MERRIN.

PECHYPOGON

barbalis. — *Quercus robur*, chatons du *Betula alba ;* septembre et octobre ; passe l'hiver, et à la mi-mars a toute sa taille.

BOMOLOCHA

fontis. — *Erica vulgaris, Urtica urens, Solidago virgaurea;* de juillet à septembre. — *Vaccinium myrtillus;* FREY.

HYPENA

lividalis. — Entre les feuilles de *Parietaria diffusa;* presque toute l'année ; MARTORELL.

rostralis. — *Humulus lupulus, Urtica urens.* — *Humulus lupulus*,
mais jamais sur l'*Urtica;* GUÉNÉE. — A toute sa taille en juin et
en septembre.

proboscidalis. — *Urtica urens* et *U. dioica. Plantago lanceolata;* commencement de mai et en juillet.

obesalis. — Suivant FREYER, sur l'*Urtica.*

HYPENODES

costæstrigalis. — *Thymus serpillum;* juillet et août; MERRIN.

RIVULA

sericealis. — *Urtica* et différentes plantes qui bordent les fossés et les
marais ; se métamorphose commencement de juin.

BREPHOS

parthenias. — *Betula alba, Quercus robur, Castanea vulgaris, Fraxinus excelsior, Fagus sylvatica;* juin et juillet.

nothum. — *Betula alba, Populus tremula;* commencement juin. —
Selon BERCE, elle a les mêmes mœurs que le *B. parthenias.* —
La variété *Touranginii* vit sur le *Salix monandra.* — *Salix
caprea, Populus tremula;* en juin ; DONZEL.

puella. — La chenille, selon TREITSCHKE, vit sur le *Populus tremula.*

GEOMETRÆ

PSEUDOTERPNA

pruinata. — *Spartium scoparium;* fin mai, commencement de juin. —
Cytisus spinosus, Genista scoparia et *G. tinctoria;* suivant
MILLIÈRE. — Elle vit, d'après DONZEL, sur un grand nombre de
Légumineuses arborescentes, principalement, *Spartium scopa-
rium;* se transforme entre des feuilles.

coronillaria. — *Cytisus laniger* et *C. spinosus;* RAMBUR. — *Coronilla ;*
MARTORELL. — *Ulex europæus;* TRIMOULET. — *Genista
scoparia;* Maurice SAND. — Avril et mai.

corsicaria. — *Genista scoparia* et *G. corsica;* mars et juin. — RAMBUR
ne l'a prise que sur le *Genista corsica.*

GEOMETRA

papilionaria. — *Betula alba, Alnus glutinosa* et *A. viscosa, Fagus sylvatica, Corylus avellana, Spartium |scoparium ;* mai et juin, août et septembre.

vernaria. — *Clematis vitalba, Quercus robur,* les *Prunus spinosa, domestica* et *armeniaca ;* mai et septembre.

PHORODESMA

pustulata. — *Quercus robur ;* dans un fourreau composé de débris de feuilles; elle le quitte arrivée au tiers de sa taille ; se chrysalide fin mai.

smaragdaria. — L'abbé Fettig a élevé la chenille sur l'*Achillea mille-folium ;* Esper l'a représentée sur cette plante. — *Rubus ;* Trimoulet. — Mai.

EUCROSTIS

herbaria. — Les *Teucrium capitatum, flavescens,* et *polium ;* avril, mai, juin et juillet; Millière.

aureliaria. — Éclôt dès le mois d'octobre, a tout son développement courant ou fin mars ; vit sur les *Phillyrea angustifolia* et *media* et sur l'Olivier.

indigenata. — *Euphorbia spinosa, E. cyparissias,* et probablement d'autres espèces d'*Euphorbia ;* se transforme fin avril pour la première génération et en octobre pour la seconde.

NEMORIA

viridata. — *Rubus fruticosus, Cratægus oxyacantha, Quercus robur, Corylus avellana, Ononis spinosa ;* mange les fleurs de préférence aux feuilles. La chenille vit en automne. — Juillet et octobre; Berce. — En juin et septembre ; Donzel..

porrinata. — Sur les *Cratægus, Corylus* et *Rubus ;* Frey.

pulmentaria. — Sur plusieurs espèces d'Ombellifères : *Bupleurum, Seseli, Anthriscus, Fœniculum, Lotus hispidus ;* vit en automne, se chrysalide en juillet.

faustinata. — *Rosmarinus officinalis,* sur les fleurs seulement ; passe l'hiver, se transforme fin mars ou commencement avril.

strigata. — *Quercus robur* et plusieurs espèces d'arbres, *Prunus spinosa, Cratægus oxyacantha ;* mai et juin.

THALERA

fimbrialis. — *Buplevrum falcatum, Cratægus oxyacantha, Betula, Prunus spinosa; Euphorbia cyparissias* d'après GUÉNÉE ; se chrysalide en juin.

JODIS

putata. — Chenille sur le Chêne et divers autres arbres; LE ROI. — Sur le Charme, l'Aulne, l'Airelle ; DONZEL.

lactearia. — *Carpinus betulus, Alnus glutinosa* et *A. viscosa, Vaccinium myrtillus, Quercus robur ;* se chrysalide en août. — Août et septembre; GUÉNÉE.

ACIDALIA

pygmæaria. — Juin et juillet.

trilineata. — *Vicia dumetorum,* FABRICIUS. — DONZEL croit qu'elle vit sur le *Genista purgans* et *G. cinerea.* — A toute sa grosseur fin mai.

flaveolaria. — Plantes basses ; mars, avril, mai.

perochraria. — *Festuca duriuscula.*

ochrata. — Plantes basses : Composées, Radiées, Crucifères, Borraginées *Festuca duriuscula*; éclôt en juillet, se chrysalide à fin juin.

macilentaria. — *Plantago lanceolata, Achillea millefolium ;* a toute sa taille commencement de mai.

rufaria. — Sur les *Stellaria* et diverses plantes basses ; FREY.

mediaria. — *Euphorbia spinosa.* — DE GRASLIN l'a élevée sur un *Ulex.* — Éclôt fin de l'été; a toute sa grosseur les premiers jours de juin.

moniliata. — Les *Vicia,* les *Leontodon,* les *Borrago* et autres plantes herbacées ; passe l'hiver et n'est parvenue à tout son développement que vers la fin de mai.

alyssumata. — En mai ; polyphage, en captivité ; dans la nature, semble vivre spécialement de *Centaurea aspera.*

muricata. — *Plantago major.* — *Euphorbia ;* l'abbé FETTIG. — A

toute sa taille à la fin de juin. — Depuis août jusqu'en mars ;
   MERRIN.

dimidiata. — Fleurs d'*Anthriscus sylvestris*, *Taraxacum dens-
   leonis;* MERRIN. — Mai; AUDOUIN.

contiguaria. — Est polyphage, préfère le *Polygonum aviculare*. —
   Sedum, FREY. — L'abbé FETTIG dit qu'on l'élève avec le *Galium
   mollugo*. — Se chrysalide en automne; passe l'hiver et a atteint
   son développement seconde quinzaine de mai.

Cervantaria. — Vit de plantes basses, principalement l'*Alyssum calycinum;* en captivité : *Alyssum maritimum;* atteint toute sa grosseur à la mi-avril.

sodaliaria. — La chenille se nourrit de diverses plantes, telles que : Borraginées, Composées, Galiums. — Sur les *Genista*, surtout le
   Chêne vert ; septembre à novembre ; MARTORELL.

nexata. — Polyphage, a été élevée sur le *Linaria organifolia;* mai et
   juin.

virgularia. — Les *Rhamnus*, *Viburnum*, *Cytisus*, *Cratægus*, *Rubus*,
   Pistacia lentiscus; en avril.—Vit pendant presque toute l'année,
   s'accommode de mousses et de feuilles sèches ; BERCE.

straminata. — Polyphage, préfère les feuilles. — Se nourrit des feuilles
   et des fleurs de beaucoup de plantes basses; l'hiver, se contente
   de feuilles sèches ; BERCE. — Février, mars.

subsericeata. — Se nourrit très bien avec *Polygonum aviculare;* juillet ;
   MERRIN; sort de l'œuf en juillet, passe l'hiver et parvient à toute
   sa taille au mois d'avril.

lævigaria. — Les *Galium*, *Chrysanthemum* et une *Gypsophila;* est
   polyphage, passe l'hiver, se chrysalide fin mars.

obsoletaria. — Est polyphage; éclôt fin juillet et n'a son entier développement que commencement mai. — Vit depuis février jusqu'en juin ; BERCE.

helianthemata. — Polyphage, semble préférer les fleurs aux feuilles,
   passe l'hiver, et, vers les premiers jours de juin, elle a acquis
   son entier accroissement.

ostrinaria. — Préfère l'*Heliotropium europæum* et l'*Erica vulgaris;*
   passe l'hiver et se chrysalide en mai.

circuitaria — Feuilles desséchées de l'*Osyris*, *Clematis*, *Rubus;* on la
   trouve en automne ; mais il ne convient de la chercher qu'au
   printemps.

herbariata — *Juniperus communis, Betula alba;* vit dans les herbiers; BERCE. — A toute sa taille en mai et juin.

calumetaria. — Les *Dorycnium;* vit en hiver.

Zephyrata. — Polyphage; se transforme vers le commencement de mai.

bisetata. — Vit sur différentes espèces d'arbres et d'arbustes, passe l'hiver; BERCE. — *Taraxacum, Polygonum aviculare;* depuis août en avril; MERRIN.

trigeminata. — *Anthriscus sylvestris,* fleurs de *Taraxacum;* MERRIN. — Chenille éclôt en août, hiverne et se chrysalide fin avril.

belemiata. — Vit sur plusieurs plantes basses, passe l'hiver, ne grossit visiblement qu'à partir d'avril.

politata. — Se nourrit d'un grand nombre de plantes basses, vit depuis le mois de juillet et se transforme courant mai, premiers jours de juin.

filicata. — Se nourrit des fleurs de *Dianthus, Veronica anagallis;* vit tout l'été et jusqu'à novembre; MARTORELL.

rusticata. — Polyphage; se chrysalide sous forme de coque; a toute sa taille du 15 au 20 août; la deuxième génération passe l'hiver en chenille.

humiliata. — ... + polyphage, se nourrit avec les *Rumex,* les *Taraxacum,* les *Veronica* et autres plantes basses; passe l'hiver, arrive à toute sa grosseur en mai.

dilataria. — Est polyphage, préfère l'*Anagallis arvensis,* plantes fanées; se métamorphose commencement mai.

Vesubiata. — Vit sur les plantes basses, et se métamorphose au printemps; MILLIÈRE.

holosericeata. — *Helianthemum vulgare,* flétri; juillet à mai; MERRIN.

circellata. — Se nourrit très bien avec le *Polygonum aviculare;* août; MERRIN.

agrostemmata. — Capsules de l'*Agrostemma dioica.*

degeneraria. — *Betonica officinalis,* a été élevé sur *Scabiosa, Achillea, Convolvulus.* — *Polygonum aviculare, Rubus fruticosus, Cerasticum, Veronica;* MERRIN. — Passe l'hiver et n'acquiert toute sa grosseur qu'en avril suivant. — BERCE ajoute: et en juillet.

inornata. — Plantes basses et aussi *Populus* et *Salix;* août; MERRIN. — *Rumex;* FREY.

aversata. — *Spartium scoparium, Geum urbanum;* très commune dans les broussailles, dit GUÉNÉE. — *Primula vulgaris, Corylus avellana, Ribes uva-crispa;* avril; MERRIN. — A toute sa taille en juin.

emarginata. — *Convolvulus arvensis, Galium verum;* se chrysalide entre les feuilles de la plante; juin.

immorata. — *Erica vulgaris.*

rubiginata. — *Vicia cracca, Convolvulus arvensis, Polygonum aviculare;* paraît au moins trois fois dans l'année. — *Lotus corniculatus, Medicago lupulina, Thalictrum minus, Taraxacum;* MERRIN.

marginepunctata. — *Vicia cracca, Achillea millefolium;* mai et juin. — *Sedum;* FREY.

confinaria. — Diverses plantes basses; se métamorphose en septembre.

luridata. — *Linaria cymbalaria.* — *Silene inflata* dont elle mange les feuilles; en mai; DE GRASLIN. — Passe l'hiver et arrive à toute sa taille au milieu d'avril.

isabellaria. — *Alyssum maritimum;* préfère les fleurs; a toute sa taille en juillet.

submutata. — *Thymus vulgaris,* quelquefois *Dorycnium.* — Passe l'hiver, parvient à toute sa taille vers le milieu ou la fin d'avril et en juillet.

incanata. — Se nourrit de diverses plantes herbacées, s'enfonce en terre fin juin. — *Dianthus, Lychnis, Thymus;* FREY.

Vesubiata. — Polyphage, n'a acquis son entier développement qu'à la fin de mai.

fumata. — Bruyère; d'août en avril; MERRIN. — *Vaccinium myrtillus;* FREY.

remutaria. — *Vicia sepium;* commencement de juin; TREITSCHKE. — Plantes basses? *Polygonum aviculare;* depuis août à avril; MERRIN. — En mai; BERCE.

punctata. — *Quercus robur, Melilotus officinalis, Hippocrepis comosa;* forme leur cocon fin mai, commencement juin; MILLIÈRE.

caricaria. — Polyphage; on la nourrit plus spécialement avec la *Centaurea jacea, Artemisia vulgaris* et *A. campestris;* les unes arrivent à toute leur taille commencement novembre, le plus grand nombre en mars suivant.

immutata. — Chicoracées, *Artemisia campestris, Thesium linophyllum;* passe l'hiver et n'est à son entier développement qu'en mars. — Vit à découvert sur plusieurs espèces de plantes en mars et en septembre; BERCE. —Selon DONZEL: en avril; *Plantago lanceolata* et *Achillea millefolium*.

strigaria. — *Betula alba;* mai. — En juin; MERRIN.

strigilaria. — Sur la Bruyère; LE ROI. — Sur les plantes basses; est polyphage; MILLIÈRE. — *Stachys sylvatica* et *Vicia cracca;* avril et mai; BERCE. — Après avoir passé l'hiver, dit MILLIÈRE, se transforme en mai.

emutaria. — *Convolvulus sepium* peut-être *Statice limonium;* se chrysalide fin mars.

imitaria. — *Rubus, Artemisia, Rubia, Erica, Lotus angustissimus,* les *Galium, Crataegus oxyacantha, Clematis vitalba;* passe l'hiver et reste à l'état de chenille jusqu'en mars ou avril.

ornata. — *Thymus serpyllum,* la *Marjolaine* et la *Mentha;* avril et mai; et à l'automne ajoute BERCE. — Depuis septembre à avril; MERRIN.

decorata. — *Thymus vulgaris;* passe l'hiver et ne parvient à toute sa grosseur que vers le milieu ou la fin d'avril, et en juillet ajoute BERCE.

ZONOSOMA

pendularia. — *Alnus glutinosa, Betula alba;* en juin, septembre et octobre.

orbicularia. — *Alnus, Salix caprea;* en septembre; GUÉNÉE. — Juin et septembre; BERCE.

annulata. — *Acer campestre,* RÉAUMUR. — DONZEL est porté à croire qu'elle vit en juin et septembre sur le *Quercus robur.*

albiocellaria. — Il est probable qu'elle vit sur *Acer campestre;* BERCE.

pupillaria. — Les *Cistus monspeliensis* et *salvifolius, Myrthus communis, Phillyrea angustifolia, Arbutus unedo* et divers *Quercus;* on la trouve toute l'année, aussi bien pendant la belle saison que pendant l'hiver.

porata. — *Quercus robur* et *Betula alba;* juin, juillet, septembre.

punctaria. — *Quercus robur* et *Betula alba;* juin, juillet et septembre.

linearia H. — *Fagus sylvatica, Quercus robur;* BRUAND. — Juin août et septembre.

TIMANDRA

amata. — Plusieurs espèces de *Rumex*, *Polygonum hydropiper*, *Persicaria*; juin et en septembre.

OCHODONTIA

adustaria. — *Evonymus europæus*; juin et septembre.

PELLONIA

vibicaria. — *Aira montana*, *Spartium scoparium*; septembre et octobre, passe l'hiver sur une foule de graminées; GUÉNÉE.

calabraria. — Sur les *Genista*, principalement *G. tinctoria*; septembre et octobre; BERCE.

ABRAXAS

grossulariata. — Différentes espèces de Groseilliers, principalement le *Ribes grossularia* et *R. rubrum*, *Prunus spinosa*, *Amygdalus communis*; hiverne et se chrysalide fin juin.

pantaria. — *Fraxinus excelsior*, *Ulmus campestris*; passe l'hiver, a toute sa taille courant juin.

sylvata. — *Ulmus campestris*, *Platanus orientalis*, *Fagus sylvatica*; août et septembre.

adustata. — *Evonymus europæus*; mai et en septembre. — Mai et juin; GUÉNÉE.

marginata. — Principalement *Corylus avellana*, *Populus tremula* et sur un grand nombre d'arbres et d'arbrisseaux; mai et septembre. — Principalement *Salix caprea*; GUÉNÉE. — Selon BERCE, sur différentes espèces de *Salix*; avril et mai.

BAPTA

pictaria. — *Prunus spinosa*; sur les buissons bas; en juin.

bimaculata. — *Cerasus avium*, *Salix*, *Rhamnus*; juillet; MERRIN.

temerata. — *Prunus spinosa*, *Cerasus avium*, *Rhamnus*; juillet; MERRIN.

STEGANIA

trimaculata. — Les *Populus alba*, *fastigiata* et *pyramidalis*; mai et juin. — BERCE, en juin et en septembre.

CABERA

pusaria. — *Betula alba, Salix alba, Fagus sylvatica, Alnus gluti-nosa,* quelquefois *Quercus robur ;* juin, juillet et septembre. — Août ; GUÉNÉE.

exanthemata. — *Betula alba, Salix alba, Fagus sylvatica, Alnus glutinosa ;* juin et septembre.

NUMERIA

pulveraria. — *Salix caprea ;* juin et septembre; TREITSCHKE.

capreolaria. — *Abies excelsa* et *A. picea ;* a toute sa taille vers la mi-mai.

ELLOPIA

prosapiaria. — *Pinus sylvestris, Larix europæa.* — Quelques autres conifères; se transforme entre des feuilles ; DONZEL. — Juin, juillet, août et septembre.

pinicolaria. — Sur les *Pinus maritima* et *P. laricio ;* chenille en avril et probablement en juillet.

margaritaria. — *Carpinus betulus. Quercus robur, Alnus;* mai, juin et septembre.

honoraria. — Les Chênes verts et les Oliviers; GUÉNÉE. — Vit sur *Quercus robur ;* août et septembre ; BERCE. — Selon DUPON-CHEL, sur le *Betula alba ;* en automne.

EUGONIA

quercinaria. — *Ulmus campestris, Fraxinus excelsior* et principale-ment *Quercus robur ;* en juin.

autumnaria. — *Alnus, Ulmus campestris, Tilia europæa, Quercus robur, Corylus avellana ;* a toute sa taille commencement de juillet.

alniaria. — *Alnus, Ulmus, Tilia, Quercus robur, Corylus avellana ;* a toute sa taille commencement juillet. — Principalement sur Bouleau et Peuplier; BERCE.

fuscantaria. — *Fraxinus excelsior, Betula alba ; Fraxinus ligus-trum* selon GUÉNÉE; fin septembre. — MERRIN la note en juin, et BERCE, en juillet.

erosaria. — *Quercus robur, Betula alba, Tilia europæa, Carpinus*

betulus, Pyrus communis ; mai, juin. — Selon Berce, en juin,
puis en août et septembre.

quercaria. — Vit sur le *Quercus robur* et sur les Chênes verts; mai;
Martorell.

SELENIA

bilunaria. — *Ulmus campestris, Quercus robur, Salix alba, Prunus
domestica, Cratægus oxyacantha ;* mai, juin; puis en août et
septembre.

lunaria. — *Ulmus campestris, Quercus robur, Salix alba, Betula
alba, Prunus spinosa, Cratægus oxyacantha ;* juin, août et
septembre.

tetralunaria. — *Ulmus campestris, Quercus robur, Salix alba, Betula
alba;* le *Juglans regia,* d'après Bruand ; juin, août, septembre.

PERICALLIA

syringaria. — *Syringa vulgaris, Jasminum officinale, Ligustrum
vulgare, Salix alba;* juin, juillet, septembre et octobre.

THERAPSIS

eronymaria. — *Evonymus europæus.*

ODONTOPERA

bidentata. — *Alnus glutinosa* et *A. viscosa, Rosa canina, Salix alba,
Pinus sylvestris;* a toute sa taille en septembre ou octobre. —
Le Roi n'indique que le *Quercus robur ;* difficile à élever. —
Berce, août et septembre, sur beaucoup d'arbres et d'arbustes.

pennaria. — *Quercus robur, Carpinus betulus ;* commencement de
l'été. — *Quercus robur, Prunus spinosa;* en mai; Berce. —
Elle s'enterre ; Donzel.

CROCALLIS

tusciaria. — *Prunus spinosa ;* en juin.

elinguaria. — *Ulmus campestris, Quercus robur, Pyrus communis,
Prunus spinosa, Lonicera caprifolium* et *L. xylosteum, Vi-
burnum lantana, Spartium scoparium;* courant de l'été. —
Avril et mai; sur une foule d'arbres et d'arbustes ; Berce.

Dardoinaria. — *Ulex nanus* et autres ; préfère la fleur ; les *Genista,*

Cistus et *Juniperus* ; en novembre ; a toute sa taille fin janvier ;
Millière.

EURYMENE

dolabraria. — *Quercus robur, Tilia europæa, Sambucus nigra, Prunus spinosa,* les *Rubus, Rosa ;* mai, juin, août, septembre et octobre.

ANGERONA

prunaria. — *Prunus domestica, P. spinosa, Coryllus avellana, Carpinus betulus, Ulmus campestris ;* passe l'hiver et arrive à toute sa taille vers la fin de mai.

URAPTERYX

sambucaria. — La Ronce, le Lierre, le Prunellier, préfère le Sureau et le Chèvrefeuille; septembre; se chrysalide avril, mai ou juin.

RUMIA

luteolata. — *Cratægus aria, C. oxyacantha, Prunus spinosa* et autres arbres analogues ; septembre, octobre et au printemps.

EPIONE

apiciaria. — *Salix alba* et autres *Salix ;* mai et août. — *Populus, Alnus glutinosa, salix ;* avril; Merrin.

paralellaria. — *Corylus avellana ;* vers le milieu de juin elle se change en chrysalide.

advenaria. — *Vaccinium myrtillus, Quercus robur, Cratægus oxyacantha ;* se chrysalide fin juillet, commencement août.

HYPOPLECTIS

adspersaria. — *Spartium scoparium ;* Hubner. — Différentes plantes Herbacées; *Senecio nemoralis ;* Borkausen. — Septembre et octobre ; elle passe l'hiver, dit Donzel ; c'est donc au printemps qu'il faut la chercher.

VENILIA

macularia. — *Lamium purpureum* et *L. album,* les Chicoracées ; a toute sa taille en août et septembre.

MACARIA

notata. — *Alnus glutinosa, Salix pentandra, Quercus robur;* a toute
sa taille en juin et en septembre.

alternaria. — *Pinus sylvestris;* en septembre; TREITSCHKE. — Sur les
Salix et *Alnus;* avril, juin; BERGE.

signaria. — *Pinus sylvestris;* septembre.

Æstimaria. — *Tamarix gallica;* en mai, juin, juillet, septembre et octobre.

liturata. — *Pinus sylvestris;* septembre.

PLOSERIA

pulverata. — *Populus tremula;* HERRICH, SCHŒFFER.

CHIMERINA

caliginearia. — *Cistus monspeliensis* et *C. salvifolius;* avril et mai. —
MILLIÈRE; fleurs en boutons. — *Cistus albidus;* DONZEL. —
Cistus incanus, Helianthemum polifolium; BERGE.

HYBERNIA

rupicapraria. — *Prunus spinosa, Cratægus oxyacantha;* avril et mai.

bajaria. — Différents arbres fruitiers, *Cratægus oxyacantha; Ligustrum* selon BRUAND; a toute sa taille à la fin de mai ou au commencement de juin.

leucophæaria. — *Quercus robur;* mai et juin.

aurantiaria. — *Quercus robur, Carpinus betulus, Betula alba;* mai
et juin. — *Quercus robur, Fagus sylvatica;* Société Belge.

marginaria. — *Quercus robur, Betula alba, Fagus sylvatica;* a toute
sa taille commencement de juin. — *Cratægus oxyacantha;*
BERGE.

defoliaria. — *Tilia europæa, Quercus robur, Carpinus betulus, Betula alba, Cratægus oxyacantha* et autres arbres des bois, ainsi
que les arbres fruitiers; mai et juin.

ANISOPTERYX

aceraria. — *Acer campestre; Quercus robur* d'après DELAMAIN; mai et
juin. — *Cratægus oxyacantha, Ulmus campestris, Quercus
robur, Tilia europæa;* BERGE.

PHIGALIA

pedaria. — *Quercus robur, Betula alba, Prunus spinosa, Cratægus oxyacantha, Ulmus campestris ;* a toute sa taille fin juillet. — Bence ajoute *Tilia europæa ;* en mai et juin.

BISTON

hispidarius. — *Quercus robur ;* mai; Delamain. — Et aussi, dit-on, sur les arbres fruitiers; Bence.

pomonarius. — *Carpinus betulus, Corylus avellana, Quercus robur,* et la plupart des arbres fruitiers ; depuis mai jusqu'en juillet.

zonarius. — *Achillea millefolium, Salvia pratensis, Centaurea jacea,* et même, dit Guénée, sur les *Lonicera ;* en mai et juin; a toute sa taille à la fin de l'été.

alpinus. — *Chrysanthemum inodorum, Bellis perennis, Centaurea jacea, Cratægus oxyacantha ;* éclôt les premiers jours de mai, se chrysalide première quinzaine de juillet.

græcarius. — Un grand nombre de plantes herbacées; se chrysalide en juillet.

hirtarius. — Sur un grand nombre d'arbres différents, principalement l'*Ulmus campestris ;* août et septembre.

stratarius. — *Tilia europæa, Betula alba, Quercus robur* et différentes espèces de *Salix* et de *Populus ;* juin, juillet et août. — Bence ; l'*Ulmus campestris ;* juillet, août et septembre.

AMPHIDASIS

betularius. — *Betula alba,* différentes espèces de *Salix* et de *Populus, Quercus robur,* principalement l'*Ulmus campestris ;* depuis juillet jusqu'en octobre.

APOCHREIMA

flabellaria. — *Senecio,* les *Chrysanthemum ;* fin mars.

HEMEROPHILA

abruptaria. — *Quercus robur, Tilia europæa, Ulmus campestris, Prunus domestica ;* mai et juin.

hyctemeraria. — *Genista scoparia, Juniperus oxycedrus ;* Daube,

MILLIÈRE; fin mars, commencement avril; est certainement polyphage. — Trouvée sur le *Cistus albidus;* DONZEL.

NYCHIODES

lividaria. — *Prunus spinosa,* sur les fleurs des *Genista* et *Ulex;*
MARTORELL; passe l'hiver et arrive en mai et juin.

SYNOPSIA

sociaria. — *Hippophae rhamnoides;* a toute sa croissance fin de juin;
DUPONCHEL. — Sur toutes les espèces de *Quercus;* DONZEL. — Suivant FREYER, sur les *Genista.* — *Genista purgans, G. scoparia,*
Artemisia campestris A. absinthium, Thymus vulgaris; passe
l'hiver; a toute sa taille vers le milieu d'avril, la seconde génération en mai et juin; MILLIÈRE.

propinquaria. — Variété suivant STAUDINGER, espèce suivant MILLIÈRE;
Genista scoparia et *G. purgans, Artemisia campestris, Plan-*
tago cynops; a tout son développement en juillet; les œufs de
la deuxième génération éclosent en août.

Staudingeraria. — Sur le *Dorycnium;* vit de septembre à mai.

BOARMIA

Solieraria. — Les *Juniperus?* La chenille vit sur le Cyprès; se trouve
presque toute l'année; MARTORELL.

occitanaria. — *Thymus vulgaris;* mange les fleurs; MILLIÈRE, MAR-
TORELL. — *Quercus ilex* et *Q. suber;* DE GRASLIN. — Hiverne et
a toute sa taille en mars ou avril.

subflavaria — Passe l'hiver; vit exclusivement sur les *Genista;* MIL-
LIÈRE.

perversaria. — *Juniperus cupressifolia;* MILLIÈRE.

cinctaria. — *Erica vulgaris* et d'autres plantes basses, principalement
Malva malacoides, Psoralea bituminosa; préfère les fleurs;
n'a tout son développement qu'à la fin de juillet. — Selon BERCE,
Erica vulgaris; en mai et juin, puis en août et septembre.

gemmaria. — *Quercus robur;* les arbres fruitiers, *Prunus spinosa,*
Cratægus oxyacantha, Rubus spinosa,etc.; mai et juin, puis août
et septembre; BERCE.

Ilicaria. — Arbres fruitiers, *Quercus ilex* et *Q. robur;* GUÉNÉE; en
mai et juin. — *Hedera helix, Syringa vulgaris, Clematis;*

avril, mai et juin. —La var. *perfumaria* vit sur ces plantes ; MERRIN ; n'est-ce bien qu'une variété ?

secundaria. — *Pinus sylvestris ;* se chrysalide commencement de juin et probablement en septembre ; BERCE.

abietaria. — *Pinus abies;* fin août. — Pins et Sapins en mai et juin ; BERCE. — *Larix europæa, Abies excelsa, Pinus sylvestris ;* depuis septembre à avril ; MERRIN.

umbraria. — Les Oliviers et quelquefois les Chênes verts ; février, mars.

repandata. — *Carpinus betulus, Betula alba;* GUÉNÉE prétend qu'elle vit de plantes basses; mai, août. — Avril; MERRIN. — Ronce, Framboisier, Prunellier, Chèvrefeuille etc.; avril, mai, août et septembre; BERCE.

roboraria. — *Fagus sylvatica,* de préférence le *Quercus robur;* mai, août et septembre.

consortaria. — *Populus fastigiata, Lonicera xylosteum, Prunus spinosa, Salix alba, Quercus robur;* mai et août. — *Betula alba;* BERCE. — *Ulex, Lonicera, Genista, Psoralea bituminosa;* MARTORELL.

angularia. — Vit de Cryptogames; en mai; TREITSCHKE.

lichenaria. — Plusieurs *Lichens,* principalement l'*omphaloides* sur les Chênes; mai et juin, puis en août et septembre. — Principalement sur les Lichens des Ormes et des Peupliers ; GUÉNÉE.

glabraria. — *Lichen omphaloides, Usnea barbata ;* en juin et au commencement juillet; GUÉNÉE. — Lichens des Sapins; mai et juin; MERRIN.

selenaria. — *Artemisia campestris;* TREITSCHKE. — *Pimpinella nigra ;* MILLIÈRE. — *Arbutus unedo* et différentes plantes indigènes; septembre, octobre et fin juin. — *Artemisia campestris;* juin et juillet; BERCE.

Biundularia. — *Quercus robur, Betula alba, etc.;* juin; MERRIN.

crepuscularia. — *Salix alba, Ulmus campestris, Populus nigra, Alnus glutinosa, Sambucus nigra, Prunus spinosa;* mai, août et septembre.

consonaria. — *Alnus glutinosa;* HUBNER; en juillet. — *Quercus robur,* peut-être *Fagus sylvatica* et d'autres arbres forestiers; BERCE.

luridata. — Vit, dit-on, sur l'Aulne et le Bouleau, mais certainement aussi sur le Chêne; BERCE.

punctularia. — *Alnus glutinosa, Betula alba;* en juin.

buxicolaria. — *Buxus sempervirens;* février et mars.

TEPHRONIA

sepiaria. — Différents Lichens des murs et des planches; en juin. — Vit
en famille sur les Lichens des vieux murs et des palissades au nord
et à l'ouest; mai et juin; BERCE.

cremiaria. — Lichens des planches; commencement juin.

PACHYCNEMIA

hippocastanaria. — Les *Erica* et *Calluna;* a toute sa taille en avril. —
Vit au printemps et en automne; BERCE. — Selon MARTORELL,
une grande partie de l'année.

GNOPHOS

dumetata. — Peut-être *Phillyrea latifolia;* se chrysalide vers le commencement de juin; MILLIÈRE.

furvata. — Se nourrit de plantes basses suivant DALH; *Viburmum lantana,* suivant les anciens auteurs. — CONSTANT dit qu'elle est
polyphage; *Coronilla emerus.* — *Genista, Polygonum aviculare;* GUILLEMOT. — En avril, mai et juin, suivant les auteurs.

Respersaria. — *Rhamnus alaternus;* a toute sa grosseur en avril et mai.
— *Spartium, Genista;* FREY.

sartata. — *Rhamnus alaternus.*

obscuraria. — *Rubus cæsius, Artemisia campestris;* avril. — Suivant
l'abbé FETTIG, en septembre. — Facile à élever de plantes basses;
BERCE. — *Potentilla reptans, Poterium sanguisorba, Thymus,*
Graminées, *Helianthemum vulgare;* de septembre à avril;
MERRIN. — *Silene nutans, Lychnis viscaria;* FREY.

ambiguata. — Pendant l'automne et l'hiver a été nourri de plantes basses;
au printemps, des fleurs de *Ficaria* et de *Chrysanthemum;*
passe l'hiver; au milieu de février a toute sa taille.

pullata. — Préfère les *Plantago* et certaines Composées; est polyphage;
passe l'hiver; est arrivée à sa taille en avril et mai.

glaucinaria. — Est polyphage, mais préfère les Plantains et certaines
Composées; Joubarbe blanche, selon BRUAND; en août.

variegata. — *Verbascum lychnitis, Linaria cymbalaria; Clematis
vitalba,* d'après Maurice SAND; Joubarbe jaune, selon BRUAND;

passe l'hiver; a toute sa grosseur en avril. — *Asplenium ruta muraria;* FREY.

mucidaria. — Vit de plantes basses, mange indistinctement les *Rumex*, les Composées Ombellifères, mais préfère l'*Anagallis arvensis* et le *Polygonum aviculare ;* fin mars, commencement avril, puis août et septembre.

asperaria. — *Cistus monspeliensis* et *C. salvifolius;* du 1ᵉʳ au 15 décembre; MILLIÈRE.

dilucidaria. — Chenille sur Joubarbe; BRUAND.

olfuscaria. — *Vicia cracca* d'après FISCHER; probablement polyphage; mange *Rumex*, *Plantago* et *Campanula ;* se chrysalide en septembre. — *Gentiana lutea;* atteint toute sa grosseur en mai; MILLIÈRE.

Zelleraria. — Sur les plantes basses, sur les rochers ; FREY.

DASYDIA

tenebraria. — Doit vivre de Lichens, bien qu'en captivité on l'ait élevée avec *Rumex scutatus;* juillet, août; ROD. ZELLER.

PSODOS

alticolaria. — Vit probablement de Cryptogames; œufs pondus à la fin de juillet; la chenille passe l'hiver sous la neige à 3.000 mètres d'altitude ; MILLIÈRE, ROD. ZELLER.

alpinata. — Polyphage, préfère les *Leontodon;* fin juillet, août; d'autres passent l'hiver pour se métamorphoser au printemps.

quadrifaria. — *Rhododendron hirsutum.*

PYGMŒNA

fusca. — *Draba verna, Viola calcarata, Uva ursi* et plusieurs plantes herbacées ; se transforme fin juillet.

FIDONIA

carbonaria. — *Salix*, *Betula alba ;* juillet; MERRIN.

famula. — *Genista sagittalis* et *G. scoparia ;* mai, juin, juillet, fin août, septembre et passe l'hiver.

limbaria. — *Spartium scoparium;* a toute sa croissance au milieu d'octobre. — Selon BERCE ; juin, juillet, septembre et octobre.

ATHROOLOPHA

pennigeraria. — *Santolina chamæcyparissus ;* printemps et automne.
— Selon DE GRASLIN, elle vit sur *Lavandula vera* et *L. pyrenaica ;* en avril. —DONZEL dit que la chenille passe l'hiver et vit
sur le *Thymus.*

EURRANTHIS

plumistaria. — *Dorycnium suffruticosum ;* passe l'hiver en chrysalide ;
se métamorphose en juillet.

EMATURGA

atomaria. — *Alnus glutinosa ;* différentes espèces de *Scabiosa, Artemisia campestris* ; *Coronilla, Lotus* d'après BERCE ; les unes
hivernent, les autres sont à leur taille courant de l'été.

BUPALUS

piniarius. —*Pinus sylvestris, P. abies ;* depuis le commencement d'août
jusqu'au milieu d'octobre.

SELIDOSEMA

tricetaria. — Principalement *Dorycnium suffruticosum* et aussi sur
plusieurs plantes basses.
tæniolaria. — *Genisia sagittalis, Prunus spinosa, Spartium scoparium, Calluna vulgaris ;* BERCE. — *Dorycnium* et *Scabiosa ;*
MARTORELL ; en juin et juillet.
ambustaria.—*Hypericum perforatum ;* A. KALCHBERG ; chenille hiverne;
mars et avril sous les plantes basses.

HALIA

vincularia. — *Rhamnus infectorius,* peut-être *Rhamnus catharticus ;*
se chrysalide premiers jours de juillet. — Juin et septembre ;
BERCE.
contaminaria.—*Quercus robur ;* mai et juin, puis en septembre et octobre.
— GUÉNÉE ne mentionne qu'une époque, septembre et octobre.
loricaria. — Vit sur les *Betula alba ?*
wauaria. — *Ribes rubrum, R. grossularia, R. uva-crispa ;* a toute sa
taille fin mai, juin.

brunneata. — *Vaccinium myrtillus ;* mai, elle s'enterre ; TREITSCHKE.

DIASTICTIS

artesiaria. — *Salix alba ;* mai et juin. — *Salix viminalis ;* en juin ; GUÉNÉE. — Fin août sur les *Salix ;* DE PEYERIMHOFF.

PHASIANE

partitaria. — *Teucrium chamædrys,* probablement *Teucrium scoro-donia ;* a son entier développement milieu d'octobre.

petraria. — *Pteris aquilina ;* juin et juillet ; STAINTON.

scutularia. — *Rosmarinus officinalis ;* sa vraie nourriture est le *Thymus vulgaris* et la *Lavandula spicata ;* se métamorphose fin avril.

rippertaria. — *Salix viminalis* et *S. rosmarinifolia ;* se transforme d'abord fin mai, puis fin septembre pour la seconde fois.

glarearia. — *Lathyrus pratensis ;* CATAL. DE VIENNE. — GUÉNÉE prétend que la chenille est inconnue.

clathrata. — *Medicago sativa, Melilotus officinalis, Hedysarum onobrychis ;* septembre et octobre à avril.

EUBOLIA

arenacearia. — *Coronilla varia.*

murinaria. — Différentes espèces de *Vicia,* principalement *Medicago sativa ;* est polyphage ; a toute sa taille en mai, puis en août et septembre.

catalaunaria. — Éclôt fin avril ; fin mai, elle arrive à toute sa grosseur ; vit sur les *Dorycnium.*

assimilaria. — *Genista corsica ;* s'élève bien avec le *Genista tinctoria* et le *Spartium junceum ;* a tout son développement en juin.

ENCONISTA

miniosaria. — Les *Genista scoparia* et *purgans ;* sort de l'œuf commencement de mars, se métamorphose milieu avril. — *Calyco-tome intermedia ;* OBERTHUR.

agaritharia. — Un *Genista ?* un *Ulex,* peut-être le *provincialis.*

SCODIONA

emucidaria. — *Artemisia campestris ;* vit depuis le mois de juillet, passe l'hiver, se chrysalide mars ou commencement avril de l'année suivante.

be'garia. — *Calluna vulgaris;* hiverne et se chrysalide en avril et mai.

penulataria. — *Dorycnium suffruticosum,* quelquefois le *Plantago lanceolata* et certains *Genista ;* n'atteint son entier développement que vers la fin de juin. — Se trouve toute l'année; MARTORELL.

conspersaria. — *Salvia pratensis;* TREITSCHKE; a toute sa taille au mois de juin. — DONZEL était porté à croire que cette espèce vivait de *Lavandula.*

lentiscaria. — Les *Helianthemum vulgare, valetinum* et *pulverulentum;* a toute sa taille en novembre.

CLEOGENE

lutearia. — Polyphage, préfère les *Plantago* et les *Leontodon,* et de ces plantes les feuilles sèches et flétries; la chenille vit de mai à novembre. — Passe l'hiver, selon MILLIÈRE.

SCORIA

lineata. — Les *Rumex patientia* et *persicaria,* une foule de plantes basses; sort de l'œuf en juillet, passe l'hiver, a toute sa croissance en mai.

ASPILATES

gilvaria. — *Achillea millefolium, Biscutella didyma ;* a toute sa taille fin juin, commencement juillet.

ochrearia. — Les *Scabiosa,* les *Lotus* et certaines Crucifères; passe l'hiver et n'atteint tout son développement qu'à la fin de mars.

strigillaria. — *Spartium scoparium, Alnus glutinosa, Vicia cracca; Calluna vulgaris,* selon BERCE; mai et août.

LIGIA

opacaria. — *Dorycnium suffruticosum* et sur plusieurs espèces de *Genista ;* on la trouve parvenue à toute sa grosseur à la fin de mars et pendant tout le mois d'avril.

Jourdanaria. — *Dorycnium suffruticosum.* — *Thymus vulgaris;* le papillon éclôt en septembre; DAUB.

HELIOTHEA

discoidaria. — *Santolina chamæcyparissus;* passe l'hiver, arrive à toute sa taille en mars ou avril suivant.

APLASTA

ononaria. — *Ononis spinosa* ou *O. arvensis ;* les œufs éclosent en juin, la chenille passe l'hiver et n'acquiert toute sa taille qu'en mars ou avril suivant. — Et aussi en septembre ; GUÉNÉE.

STERRHA

sacraria. — Est probablement polyphage ; MILLIÈRE l'a élevée sur des *Rumex* et un *Anthemis ;* sa véritable nourriture serait le *Poligonum aviculare ;* passe l'hiver, se chrysalide au printemps.

LYTHRIA

purpuraria. — *Polygonum aviculare;* mai et juin. — Sur les *Rumex;* mai et septembre ; BERCE.

ORTHOLITHA

plumbaria. — Eclôt en automne, hiverne, arrive à toute taille en avril et reparait en juin ; sur le Genêt, la Bruyère, le *Scabiosa succisa.* — *Cytisus scoparius ;* MERRIN.

cervinata. — Plusieurs espèces de *Malva* ou *Althæa,* telles que les *Althæa rosea* et *officinalis* et *Malva alcea;* juin et juillet.

limitata. — *Bromus arvensis ;* elle s'enterre, se métamorphose en juin. — Vit en avril et mai ; BERCE.

mæniata. — *Spartium scoparium;* mai et juin. — *Plantago, Scabiosa, etc.;* MARTORELL.

peribolata. — *Genista* et *Ulex,* principalement le *Genista scoparia,* éclôt milieu de novembre; est parvenue à toute sa taille fin avril, commencement de mai.

proximaria. — *Genista corsica* et un *Ulex;* parvenue à toute sa grosseur vers le milieu ou la fin de mars.

bipunctaria. — *Trifolium pratense, Lolium perenne,* et d'autres plantes herbacées; a toute sa taille au mois de juillet.

MESOTYPE

virgata. — *Galium verum ;* TREITSCHKE. — Avril, mai, juin et septembre ; MERRIN.

MINOA

murinata. — Principalement *Euphorbia cyparissias* et plusieurs autres espèces d'Euphorbes ; juin et octobre.

ODEZIA

atrata. — *Chærophyllum sylvestre ;* mai, fin juillet.

LITHOSTEGE

griseata. — *Sisymbrium sophia ;* s'élève très bien avec l'*Isatis tinctoria ;* se transforme vers le 15 août.

ANAITIS

præformata. — *Hypericum ;* août et septembre.

plagiata. — *Hypericum perforatum ;* mai et juillet. — *Scabiosa, Calendula, etc.;* MARTORELL.

simpliciata. — Les *Hypericum alpinum, perforatum* et *montanum ;* fin juin, premiers jours d'août.

paludata. — *Oxycoccos palustris* et aussi *Vaccinium vitis-idœa ;* juin ; MERRIN.

CHESIAS

spartiata. — Principalement *Spartium scoparium* et différents *Genista ;* mi-mai à fin juin.

rufata. — *Spartium junceum, Ulex, Coronilla, etc.;* MARTORELL. — *Cytisus scoparius ;* juillet, août et septembre ; MERRIN.

LOBOPHORA

polycommata. — *Lonicera xylosteum ;* HUBNER. — *Lonicera periclymenum, Fraxinus excelsior ;* juin ; MERRIN.—*Ligustrum vulgare ;* FREY.

sabinata. — *Juniperus sabina ;* FREY.

carpinata. — Principalement *Salix caprea,* les *Populus,* les *Salix ;* s'enterre à la fin de juin. — Juillet et avril ; BERCE.

halterata. — Plusieurs espèces de *Salix* et de *Populus ;* s'enterre à fin
juin ; TREITSCHKE.

sexalisata. — *Salix caprea* et plusieurs espèces de *Populus ;* juillet et
août.

viretata. — *Ligustrum vulgare ;* août et septembre ; HUBNER.

CHEIMATOBIA

brumata. — Toutes sortes d'arbres sauvages ou cultivés, dont elle
mange les bourgeons; à acquis toute sa croissance en mai.

boreata. — BERCE pense qu'elle vit sur le *Betula alba.*

TRIPHOSA

sabaudiata. — Sur les jeunes Aulnes ; juillet. — *Rhamnus catharticus ;*
DONZEL.

dubitata. — Les *Rhamnus catharticus* et *frangula ;* mai.

EUCOSMIA

certata. — *Berberis vulgaris ;* en juin.

montivagata. — BERCE pense qu'elle doit vivre sur le *Berberis vulgaris.*

undulata. — Les *Salix alba, caprea ;* dans des feuilles repliées ; en
septembre et octobre.

SCOTOSIA

vetulata. — *Rhamnus catharticus* et *R. frangula* ; juin ; MERRIN.

rhamnata. — Principalement les *Rhamnus catharticus* et *frangula,* et
sur plusieurs plantes ; a deux apparitions. — Mai et juin ;
MERRIN.

badiata. — Différentes espèces de *Rosa ;* a toute sa taille fin mai, juin.
Cratægus oxyacantha ; en juillet et août ; BERCE.

LYGRIS

reticulata. — *Impatiens noli-tangere ;* septembre, octobre.

prunata. — *Prunus domestica, P. spinosa, Cratægus oxyacantha,*
Groseillier épineux et différentes espèces de plantes basses;
depuis mai jusqu'en juillet.

testata. — *Populus tremula.* — BERCE ajoute : probablement sur des
plantes basses, peut-être les *Vaccinium.* — DONZEL ne cite que
le *Populus tremula ;* juin. — *Salix;* FREY.

populata. — *Populus tremula, Salix, Vaccinium;* mai, juin. — Au Simplon, sur le *Trollius europæus;* FREY.

associata. — *Ribes nigrum;* mai.

CIDARIA

dotata. — *Galium verum;* CATAL. DE VIENNE. — Les *Vaccinium;* DE GRASLIN. — *Galium* et *Cratægus oxyacantha;* mai ; MERRIN.

fulvata. — Différentes espèces de Rosiers ; se métamorphose en juin.

ocellata. — *Galium sylvaticum;* GOOSSENS. — *Galium verum;* Soc. BELGE. — Les *Galium* en général ; en juin et en septembre.

bicolorata. — *Alnus glutinosa, Salix caprea, Prunus spinosa, Pyrus malus;* a toute sa taille à la mi-juin.

variata. — Les *Pinus abies, excelsa.* — *Larix, sylvestris;* février, mars, MERRIN ; avril, mai. — Selon BERCE, sur les Pins et les Sapins ; au printemps et à l'automne.

simulata. — *Juniperus communis;* juin et octobre ; MERRIN.

juniperata. — *Juniperus communis;* a toute sa taille courant de juillet.

cupressata. — Divers *Cupressus* et le *Juniperus sabina;* éclôt en mai et ne se transforme qu'en octobre.

siterata. — Principalement *Tilia europæa, Quercus robur* et plusieurs espèces d'arbres ; mai, juillet, août.

miata. — *Quercus robur, Alnus, Betula alba;* août.

tæniata. — En battant le Houx ; août ? MERRIN.

truncata. — *Rubus fruticosus, Rosa canina, Plantago lanceolata;* a toute sa taille en mai.

immanata. — *Betula alba, Prunus spinosa,* la Ronce, le Chèvrefeuille ; *Dipsacus sylvestris,* selon Maurice SAND ; avril et août.

firmata. — Les *Pinus sylvestris, Larix, abies;* avril, fin août. — Juillet ; BERCE.

munitata. — *Senecio;* depuis septembre ; passe l'hiver et se trouve en février ; MERRIN.

olivata. — Selon RÉAUMUR, elle vit sur le *Fraxinus excelsior.* — *Galium mollugo;* depuis octobre à avril, très paresseuse ; MERRIN.

viridaria. — Différentes espèces de *Galium;* été et automne. — Polyphage, sur plantes basses ; FREY.

salicata. — *Helianthemum, Galium,* plusieurs espèces de Composées et de Crucifères en fleurs; *Salix viminalis*, selon Donzel ; juin, juillet, novembre, décembre et janvier.

multistrigaria. — Les *Galium;* mars et avril.

didymata. — *Chærophyllum sylvestre* et *C. temulum, Primula veris,* d'après Merrin; avril.

cambrica. — *Sorbus aucuparia ;* août et septembre ; Merrin.

vespertaria. — *Sorbus aucuparia* et *S. aria, Corylus, Rhamnus* et *Populus ;* Frey.

fluctuata. — *Brassica oleracea, Cochlearia armoracia, Tropæolum majus* et beaucoup de plantes basses ; en juin, juillet et en automne. — Guénée ne mentionne que juin et juillet.

neapolisata. — *Alyssum maritimum, Lepidium ruderale ;* automne.

montanata. — *Primula officinalis;* hiverne et arrive à toute sa taille fin avril, commencement de mai. — Au printemps et en été ; Berce.

quadrifasciaria. — *Plantago major, Taraxacum dens-leonis, Impatiens noli-tangere* et autres plantes basses ; a toute sa taille fin mai, commencement de juin. — Avril et mai, puis en août ; Donzel.

ferrugata. — *Alsine media; Nepeta glechoma,* et *Galium* d'après Merrin ; en juin, commencement juillet, puis en septembre et octobre.

unidentaria. — *Alsine media;* en été et en automne; Donzel. — Et aussi, selon Hubner, *Impatiens noli-tangere.*

suffumata. — *Galium mollugo;* mai et juin. — A toute sa taille en automne ; Merrin dit qu'elle se chrysalide en février et mars.

pomeriaria. — *Impaticus noli-tangere;* Hubner. — Est-elle distincte du *C. unidentaria ?*

designata. — Sur le Peuplier ; Sepp. — Aulne ; Maurice Sand. — *Primula ?* Crucifères; septembre; Merrin.

fluviata. — *Anthemis maritima, Chrysanthemum segetum, Convolvulus lineatus, Alyssum maritimum ;* éclôt fin février, a toute sa grosseur fin mars ; Millière.

vittata. — Sur les *Galium* secs ; Millière. — *Galium palustre ;* août, septembre, avril ; Merrin.

dilutata. — *Quercus robur, Fagus sylvatica, Ulmus campestris, Carpinus betulus, Prunus spinosa, Cratægus oxyacantha;* mai et juin.

autumnata. — Dont Staudinger ne fait qu'une variété, vit exclusivement sur *Betula alba;* Guénée.

filigrammaria. — *Vaccinium myrtillus* et *Salix;* Merrin. — *Calluna vulgaris;* Guénée. — Mai, juin.

cæsiata. — *Saxifraga aizoides;* John Hellins. — *Vaccinium myrtillus* et *V. Vitis-idæa* ; depuis septembre à avril ; Merrin.

flavicinctata. — *Saxifraga aizoides;* John Hellins. — Selon Guénée, elle vit sur la *Saxifraga petræa* ; en mai.

tophaceata. — Les *Asperula* et les *Galium ;* se transforme en juillet.

incultaria. — *Primula latifolia;* Rod. Zeller; en octobre.

verberata. — Pins et autres arbres résineux ; Treitschke.

uniformata. — Plusieurs espèces de *Galium* notamment le *G. mollugo ;* a toute sa taille commencement de juin.

riguata. — *Asperula cynanchica* et plusieurs espèces de *Rubiacées;* avril et mai, août et septembre. — Vit sur les Crucifères ; Martorell.

alpicolaria. — *Gentiana punctata;* juin et juillet; Rod. Zeller.

picata. — *Prunus spinosa, Cratægus oxyacantha;* octobre.

malvata. — Les *Lavatera olbia, punctata, arborea,* les *Malva;* octobre, novembre jusqu'en février.

basochesiata. — Divers *Galium, Senecio vulgaris, Veronica pilosa;* peut-être ne sont-ce pas leurs plantes; Millière n'indique que le *Rubia peregrina;* éclôt en janvier, a toute sa taille depuis la fin de novembre jusqu'au commencement de mai.

cuculata. — *Galium verum ;* juillet et août; Donzel.

galiata. — *Galium mollugo;* juillet et en automne. — *Galium verum;* Berce.

rivata. — *Alchemilla vulgaris ;* juin.

sociata. — *Alchemilla vulgaris;* s'enterre en juin.

unangulata. — *Alsine media;* juillet et août; Merrin.

alaudaria. — *Atragene alpina;* Frey.

albicillata. — *Rubus cæsius, R. idæus ;* depuis juillet jusqu'en septembre.

procellata. — *Clematis vitalba, Evonymus europæus;* août et septembre.

thulearia. — *Betula alba.*

hastata. — *Betula alba;* juillet, août.

tristata. — *Galium verum;* juin, août et septembre.

luctuata. — *Epilobium spicatum ;* juin et septembre.

molluginata — *Galium mollugo;* pendant l'été.

affinitata. — Capsules des Caryophyllées. — Graines de *Silene* et *Lychnis;* août; MERRIN.

alchemillata. — *Lamium purpureum*; DONZEL. — *Alchemilla vulgaris;* ANNALES DE SOCIÉTÉ BELGE. — *Dianthus superbus;* M. SAND ; septembre et juin.

hydrata. — *Silene nutans*, capsules ; vit en été et en automne.

unifasciata. — *Odontites lutea;* octobre.

adæquata. — Sur les *Euphrasia* ; FREY.

albulata. — *Rhinanthus crista-galli* ; lie les sépales ; juillet et août.

candidata. — *Carpinus betulus, Quercus robur,* selon BERCE ; avril et juillet; GUÉNÉE. — Selon d'autres auteurs, arrive à toute sa croissance à fin août.

testaceata. — *Pinus picea, Fagus sylvatica, Alnus;* août.

Blomeri. — *Ulmus montana ;* s'élève avec l'*U. campestris;* se transforme en octobre ; MILLIÈRE.

decolorata. — Capsules du *Silene nutans;* juillet.

luteata. — *Acer campestre;* août à octobre; MERRIN.

obliterata. — *Betula alba;* août et septembre. — *Alnus viscosa;* en juin et septembre; GUÉNÉE, LE ROI.

eximia. — *Humulus lupulus;* a toute sa taille commencement de septembre.

bilineata. — Paraît se nourrir de toutes espèces de plantes basses, ANNALES BELGES; avril. — *Alsine media;* plantes basses ; mars; MERRIN.

sordidata. — *Vaccinium myrtillus, Alnus, Corylus avellana, Prunus domestica; Salix capræa* d'après CONSTANT; mai et juin.

trifasciata. — *Alnus;* en septembre; HUBNER. — *Populus, Salix;* LE ROI.

literata. — *Salix, Alnus glutinosa, Vaccinium myrtillus, etc.;* septembre; MERRIN.

capitata. — *Impatiens noli-tangere;* avril; l'abbé FETTIG, DOUBLEDAY.

silaceata. — *Populus tremula;* DUPONCHEL. — DOUBLEDAY l'a élevée avec des *Epilobium.*

corylata. — *Tilia europæa, Quercus robur ;* cesse de croître en août et septembre, passe l'hiver.

berberata. — *Berberis vulgaris;* a toute sa taille vers la mi-juillet ; en juin et en août, selon BERCE.

nigrofasciaria. — *Rosa canina* et les *Lonicera ;* a toute sa croissance fin
juillet.

rubidata. — *Galium montanum, G. sylvaticum, Asperula odorata ;* en
société ; août et septembre.

sagittata. — *Thalictrum flavum ;* se nourrit aussi d'autres espèces de
Thalictrum ; août ; MERRIN.

conactata. — Différentes espèces de *Chenopodium ;* depuis août jusqu'en
octobre.

lapidata. — Le Chêne vert ; au printemps ; MILLIÈRE. — Et sur d'autres
arbres ou arbustes du nord de l'Europe ; BERCE.

aquata. — *Clematis vitalba, Juniperus ;* élevée de l'œuf ; juin ; puis en
août et septembre, d'après BERCE.

vitalbata. — *Clematis vitalba ;* en juin, puis en septembre et octobre.

tersata. — *Clematis vitalba ;* en société ; septembre, octobre et aussi en
juin, selon BERCE.

COLLIX

sparsata. — *Lysimachia vulgaris ;* passe l'hiver ; TREITSCHKE.

EUPITHECIA

oblongata. — *Centaurea scabiosa, Ononis spinosa,* fleurs du *Quercus
robur,* sur les *Galium* et les *Ombellifères, Inula viscosa,
Senecio erraticus, Achillea ligustica, Arenaria maritima,
Bidens tripartitus, Eupatorium corsicum ;* juin, août et septembre.

breviculata. — *Clematis ;* P. MABILLE.

rriguata. — *Quercus, Fagus ;* rarement dans les feuilles ; mai et juin ;
DIETZE.

insigniata.. — *Pyrus amygdalus, P. malus, Cratægus ;* juin.

venosata. — Les *Silene inflata, Tenoreana, maritima, Lychnis viscosa ;*
fleurs et semences ; mai, juin, juillet.

silenicolata. — *Silene paradoxa ;* dans les fleurs, rarement dans les
semences ; juin et juillet.

alliaria. — *Allium flavum,* dans les semences ; commencement de septembre.

subnotata. — Différents *Scabiosa ;* BORKHAUSEN. — Les *Chenopodium ;*
GUÉNÉE. — *Atriplex,* fleurs et semences ; octobre et novembre.

pulchellata. — *Digitalis purpurea,* fleurs et semences en juillet.

pyreneata. — *Digitalis lutea;* juillet; Goossens.

linariata. — *Digitalis grandiflora, Linaria vulgaris;* fleurs et
semences. — Dans les semences seulement; Staudinger; août
septembre et octobre. — Je l'ai trouvée en juin et commencement juillet.

laquæaria. — Sur *Euphrasia* ou *Odontites lutea,* fleurs et semences;
août, septembre et octobre.

pusillata. — *Pinus abies, P. sylvestris, Juniperus communis;* mai.

abietaria. — Selon Degeer, intérieur des pommes encore vertes du
Pinus abies; juillet.

togata. — *Pinus sylvestris* dans les semences Staudinger.

debiliata. — *Vaccinium myrtillus,* dans les feuilles, commencement du
printemps. — *Vaccinium vitis-idæa;* avril; Merirn. —
Assemble deux feuilles, mange l'extrémité; Goossens.

coronata. — *Clematis* et *Ombellifères;* août et septembre. — *Eupatorium cannabinum;* Fologne. — *Aster;* Millière. — *Achillea,
Artemisia;* juin; Staudinger.

rectangulata. — Vit sur les arbres fruitiers, mais préfère les fleurs
de *Pyrus malus;* hiverne, et ne parvient à toute sa taille
qu'en mai ou juin.

chlœrata. — *Prunus spinosa;* mai.

scabiosata. — *Asparagus officinalis, Crepis taraxacifolia, Centaurea
nigra, Scabiosa, Solidago, Gentiana, Globularia;* septembre.

denticulata. — *Campanula rotundifolia,* semences; Staudinger.

millefo'iata. — *Achillea millefolium,* dans les fleurs; en automne.

biornata. — *Artemisia?* Staudinger.

santolinata. — Sur le *Santolina;* en septembre et octobre; Mabille.

succenturiata. — *Artemisia vulgaris, A. campestris,* dans les fleurs;
septembre et octobre.

subfulvata. — *Artemisia vulgaris:* Hubner. — *Prenanthes purpurea,
Achillea millefolium,* feuilles, fleurs, semences; août et septembre. — Guenée n'en fait qu'une variété de la précédente.

lentiscata. — *Pistacia lentisus?* Staudinger.

scopariata. — Sur les *Erica scoparia, arborea* et *multiflora,* dans les
fleurs; d'octobre à février, puis en juin; Staudinger.

nanata. — *Erica vulgaris,* dans les fleurs; octobre.

innotata. — Différentes espèces d'*Artemisia,* je l'ai principalement
trouvée sur l'*A. vulgaris;* septembre, octobre, novembre et

décembre.—*Artemisia campestris, A. absinthium;* MARTORELL.

tamarisciata. — *Myricaria germanica,* dans les feuilles ; juillet.

fraxinata. — *Coriaria myrtifolia;* juin. — Selon STAUDINGER : *Fraxinus excelsior,* dans les feuilles. — *Cratægus oxyacantha;* GOOSSENS. — Août ; BERCE.

nepetata. — *Calamentha nepeta,* dans les fleurs ; octobre novembre ; GOOSSENS, MABILLE.

Mayeri. — *Alsine verna* et probablement sur d'autres plantes basses ; GUÉNÉE.

pygmæata. — *Stellaria holostea, Cerastium tomentosum,* et aussi, dit-on, *Alsine media,* dans les fleurs et les semences ; juin.

ultimaria. — *Tamarix gallica,* se nourrit des fleurs ; en automne.

massiliata. — *Tamarix gallica;* DARDOUIN. — Selon MILLIÈRE, ce sont les Chênes verts qui nourrissent la chenille. — Sur les fleurs du *Quercus coccifera;* MARTORELL.

Peyerimhoffata. — *Quercus coccifera;* STAUDINGER.

isogrammaria. — *Clematis vitalba,* dans les calices ; juillet et août.

tenuiata. — Chatons du *Salix capræa,* tombés à terre. — *Salix,* dans les fleurs ; STAUDINGER ; printemps.

subciliata. — *Acer campestre;* a toute sa taille du 12 au 15 juin ; MILLIÈRE.

plumbeolata. — *Clematis, Melampyrum pratense,* dans les fleurs ; STAUDINGER. — Étamines dans sa jeunesse, et fleurs dans l'âge adulte ; FOLOGNE, CREWE ; juillet, août.

valerianata.—*Valeriana officinalis,* fleurs et semences ; adulte fin juillet.

immundata. — *Actæa spicata,* dans les fruits.

pernotata. — *Solidago virgaurea,* fleurs ; STAUDINGER.

cauchyata. — *Solidago virgaurea,* fleurs ; STAUDINGER.

satyrata. — Plusieurs espèces de plantes basses. — *Scabiosa succisa, Galium,* etc. — FREYER la représente sur le *Thymus vulgaris.* — *Cirsium, Peucedanum, Centaurea, Chrysanthemum, Helianthemum, Rhinanthus, Gentiana, Apargia, Galeopsis;* STAUDINGER ; juin.

(Var.) **callunaria.** — *Eupatorium cannabinum,* fleur ; STAUDINGER.

veratraria.— Capsules du *Veratrum album,* dans les semences, GUÉNÉE ; août, passe quelquefois deux ans en chrysalide.

helveticaria. — *Juniperus sabina;* ANDERREG. — Les *Juniperus;* septembre et octobre ; MABILLE.

castigata. — Plusieurs plantes basses, tels que *Dianthus, Hyssopus, Aster, Solidago virgaurea, Hypericum, Scabiosa, Ononis, Achillea ;* août et septembre.

trisignaria. — *Angelica sylvestris ;* DOUBLEDAY. — Selon DE LA HARPE, sur l'*Heracleum sphondylium, Thysselinum palustre, Pastinaca sativa,* fleurs et semences. — La variété vit sur le *Selinum oreoselinum ;* septembre.

virgaureata. — *Solidago virgaurea, Senecio jacobæa, S. palustris,* fleurs ; en septembre. — Je ne l'ai jamais trouvé que sur les graines ; fin septembre, octobre.

vulgata. — Les *Aster, Polygonum, Sedum, Rubus, Cucubalus, etc.;* juin, juillet. — *Cratægus oxyacantha;* CREWE.

campanulata. — *Campanula trachelium,* dans les semences, *Buplevrum falcatum;* septembre et octobre; MILLIÈRE.

albipunctata. — Sur les Ombellifères : *Cicuta vihosa, Eupatorium cannabinum, Heracleum sprondylium, Angelica sylvestris,* fleurs et semences ; septembre. — GOOSSENS ne cite que l'*Angelica sylvestris.*

actæata. — *Actæata spicata ;* STAUDINGER.

assimilata. — *Humulus lupulus ;* octobre; GOOSSENS. — *Ribes nigrum.*

minutata. — *Calluna vulgaris, Eupatorium cannabinum, Achillea, Anthriscus,* dans les fleurs.

Goossensiata. — *Calluna vulgaris;* octobre et en juin; GOOSSENS.

absinthiata. — *Artemisia absinthium,* les *Solidago, Senecio, Myrica gale;* commencement octobre. — *Artemisia campestris;* STAUDINGER.

expallidata. — *Pimpinella saxifraga, Buplevrum falcatum.* — *Achillea, Senecio;* fleurs et semences ; STAUDINGER ; septembre et octobre.

constrictata. — *Euphrasia lutea,* fleurs et graines. — *Thymus serpyllum;* STAUDINGER ; commencement septembre ; dix-huit à vingt jours lui suffisent pour arriver à toute sa taille.

euphrasiata. — *Odontites lutea,* dans les fleurs; octobre, novembre.

albifronsata. — *Polygonum;* au mois de juin ; DE GRASLIN.

distinctaria. — *Solidago;* MILLIÈRE. — *Peucedanum oreoselinum,* fleurs et semences ; STAUDINGER ; septembre.

sextiata. — *Thymus vulgaris;* graines fraîchement formées ; depuis fin avril au 25 mai.

indigata. — *Pinus sylvestris ? Juniperus, Cupressus ;* septembre.

altenaria. — Doit vivre sur un Bouleau.

lariciata. — *Larix europæa;* mars. — En septembre ; BERCE.

silenata. — *Silene inflata ;* fin juillet; dans le calice, puis dans les capsules ; STANDFUSS.

cocciferata. — Les *Quercus ilex, suber* et *coccifera,* et le plus souvent *Quercus robur;* dans les fleurs ; avril, mai et juin ; MILLIÈRE.

abbreviata. — *Quercus robur, etc. ;* en juin. — Dans les jeunes feuilles ; STAUDINGER.

dodonæata. — Les *Quercus robur, ilex, suber, coccifera, Cratægus oxyacantha, Quercus pubescens* et *Q. tozza ;* se nourrit des fleurs; mai et juin.

exiguata. — *Berberis vulgaris ;* DUPONCHEL, d'après TREITSCHKE. — *Cratægus oxyacantha;* FREYER. — *Cratægus, Salix, Ribes, Acer, Fraxinus ;* STAUDINGER.

lanceata. — Sur les Conifères et Genevriers ?

provinciata. — *Juniperus oxycedrus ;* du 15 décembre au 15 janvier.

phœniceata. — *Juniperus phœnicea ;* décembre, janvier et février.

Mnemosynata. — *Juniperus ;* en automne.

oxycedrata. — *Juniperus oxycedrus ;* avril et mai, fin novembre; une deuxième génération succède bientôt; MILLIÈRE.

unedonata. — *Arbutus unedo,* fleurs ; octobre et novembre ; P. MABILLE. — Février et mars ; MARTORELL.

rosmarinata. — *Rosmarinus officinalis,* dans les fleurs ; éclôt fin décembre, commencement janvier ; se métamorphose en avril.

sobrinata. — Les *Juniperus,* fleurs et feuilles; mars et avril. — *Juniperus communis,* seul ; STAUDINGER.

scoriata. — *Juniperus communis ;* STAUDINGER.

Millierata. — *Juniperus communis, J. macrocarpa.*

ericata. — *Erica arborea,* fleurs ; novembre. — Mars et avril ; MILLIÈRE.

pumilata. — *Globularia alypum ;* est polyphage. — *Clematis, Anthriscus, Erica, Passerina hirsuta, Genista, Euphrasia, Arbutus, Rosmarinus, Vitex, Mercurialis annua ;* STAUDINGER. — En mars ; chrysalide en décembre. L'apparition de la chenille coïncide avec la floraison de la plante.

primula. — *Primula latifolia ;* en automne ; MILLIÈRE.

PYRALIDINA

CLEDEOBIA

angustalis. — *Epilobium palustre;* Treitschke. — Selon Millière, elle doit se nourrir de racines de *Cryptogames* ou de très petites plantes basses qui y sont mêlées. — Milieu de juin.

borgialis. — Vit sur un *Ulex;* Martorell.

STEMMATOPHORA

corticalis. — *Euphorbia spinosa;* lie ensemble les feuilles; éclôt du 15 au 20 juillet, n'a son entier développement que pendant le courant de mai de l'année suivante; Millière. — *Euphorbia serrata;* Martorell.

AGLOSSA

pinguinalis. — Beurre, lard et autres substances animales, graisses; dans les cuisines, offices; pas d'époques fixes.

cuprealis. — Vit aux dépens de toutes les substances animales desséchées; l'époque de la métamorphose n'est pas fixe.

ASOPIA

glaucinalis. — Extrémités des bourgeons de *Betula alba;* avril, mai, juin; Merrin.

farinalis. — Hiverne dans la paille des granges; janvier et février.

ENDOTRICHA

flammealis. - *Ligustrum vulgare*, d'après Stephens; mai. — Bruyères; Merrin.

TALIS

quercella. — *Quercus robur;* Catal. de Vienne.

SCOPARIA

ambigualis. — Mousses; avril et mai.

cembræ. — Les Mousses; *Hypnum elegans, Jungermannia dilatata;* mai; MERRIN.

murana. — Les Mousses; *Grimmia pulvinata, Bryum capillare;* mars, mai; MERRIN.

'lineola. — Lichens sur *Prunus spinosa, Parmelia parietina* et P. oli-*vacea;* juin et juillet; MERRIN.

resinea. — Lichens sur le *Fraxinus excelsior, Stigoneura mammil-losa* et *Oscillatoria autumnalis;* avril; MERRIN.

truncicolella. — Vit sous les Mousses qui croissent sous les pierres: *Hypnum elegans, Jungermannia dilatata;* avril et mai.

cratægella. — Dans la Mousse des arbres, dans un tube de soie; avril, mai.

frequentella. — Sur les Mousses; *Hypnum elegans* et *Jungermannia dilatata;* avril; MERRIN.

angustea. — Ronge les racines des Mousses et peut-être aussi les tiges récemment poussées; en hiver et au printemps.

THRENODES

pollinalis. — *Genista tinctoria, Cytisus austriacus;* juin et juillet. — *Genista tinctoria* et *G. germanica, Cytisus nigricans;* GUÉNÉE.

HERCYNA

phrygialis. — *Urtica* et autres plantes basses qui bordent les fossés et les marais.

PHLYCTÆNODES

pustulalis. — *Anchusa officinalis;* mai.

ODONTIA

dentalis. — *Echium vulgare* dans la nervure des feuilles basses et desséchées; mai et août.

EURRHYPARA

urticata. — Plusieurs plantes basses, principalement les tiges de l'*Urtica urens;* a atteint toute sa taille en septembre, commencement octobre; hiverne.

BOTYS

cingulata. — Elle jaunit les feuilles du *Salvia pratensis;* de septembre à avril; HEYDEN, RAGONOT.

porphyralis. — *Mentha aquatica* et *M. piperita;* TREITSCHKE.

aurata. — En société sur *Mentha aquatica;* mai. — *Origanum vulgare;* juin et juillet; GUÉNÉE,

purpuralis. — *Mentha arvensis* d'après HUBNER; juin et juillet; MERRIN.

sanguinalis. — *Rosmarinus officinalis;* au printemps et en automne. — Selon JOURDHEUILLE, sur les fleurs du *Thymus vulgaris*, dans un tube de soie. — Sur beaucoup de plantes sous-ligneuses de la famille des Labiées; MILLIÈRE.

cæspitalis. — Sous les feuilles de *Salvia pratensis* et de divers *Plantago;* juin; MERRIN.

œrealis. — *Helichrysum arenarium;* août; JOURDHEUILLE.

alpinalis. — Plusieurs *Senecio;* juin; MERRIN.

lutealis. — *Tussilago farfara, etc.;* mai; MERRIN. — *Rumex;* RAGONOT.

polygonalis. — *Polygonum aviculare?* CATAL. DE VIENNE. — Sur les fleurs de l'*Ulex nanus,* peut-être *Cytisus spinosus* et aussi plusieurs espèces de *Genista;* MILLIÈRE; en décembre, janvier et février. — *Genista tinctoria;* juillet; JOURDHEUILLE.

auralis. — Vit probablement sur le *Verbascum lychnitis.*

flavalis. — *Galium mollugo;* TREITSCHKE. — *Verbascum;* MARTORELL. — *Galium verum;* mai; MERRIN.

asinalis. — Au milieu de feuilles réunies de *Rubia peregrina;* janvier et février. — Dans les fleurs et les jeunes graines, d'octobre à mars; MERRIN.

aurantiacalis. — Vit sur les *Verbascum?* MARTORELL.

repandalis. — Sur les tiges du *Verbascum,* surtout sur les fleurs qu'elle enveloppe de fils; juillet, septembre.

nubilalis. — Tiges de l'*Humulus lupulus* et d'autres plantes analogues; a toute sa taille en automne; juin et juillet; JOURDHEUILLE. — Je l'ai trouvée en quantité innombrable dans les tiges du Maïs; elle vit deux ans.

numeralis. — Sur les Crucifères; MARTORELL.

fuscalis. — Fleurs et capsules des *Lathyrus pratensis* et des *Rhinanthus* polyphage; RAGONOT.

terrealis. — Sur les feuilles de *Solidago virgaurea ;* juillet, septembre.
— Fleurs ; d'août à avril ; Merrin.

diffusalis. — *Marrubium vulgare ;* passe l'hiver et ne se transforme
qu'en avril.

crocealis. — Tiges de *Conyza squarrosa* et *Inula dysenterica ;* juillet.
— Entre les feuilles ; avril ; Merrin.

testacealis. — *Conysa thapsoides ;* en mai.

stachydalis. — *Stachys sylvatica, Parietaria officinalis ;* août.

sambucalis. — *Sambucus nigra* et *S. ebulus ;* elle ronge les feuilles
sans les percer tout à fait ; septembre et mai. — Juin et août ;
Jourdheuille.

verbascalis. — *Verbascum thapsus.*

rubiginalis. — Dans les feuilles à demi plissées du *Betonica officinalis ;* septembre.

fulvalis. — Sur les *Cornus ;* juin.

ferrugalis. — Chardons et Artichauts ; C. Lafaury. — Septembre ;
Merrin.

prunalis. — *Prunus spinosa, Veronica officinalis, Urtica, Rubus
idæus, Stachys ;* est polyphage ; mai et juin.

olivalis. — *Veronica officinalis* et diverses autres plantes basses ; *Geum,
Lychnis ;* en mai et juin. — *Glechoma hederacea ;* dans une
toile sous les feuilles ; Merrin. — Polyphage ; Ragonot.

institalis. — *Eryngium spinosum* et *E. campestre ;* elle roule les
feuilles en spirale ; se transforme commencement de juillet.

ruralis. — *Urtica dioica, Spiræa* entre les feuilles ; a toute sa taille
fin juin. — Mai ; Guénée.

EURYCREON

nudalis. — Sur les *Echium* et le *Camphorosma ;* Martorell.

sticticalis. — *Artemisia campestris* et *A. vulgaris,* dans une toile ;
octobre.

turbidalis. — Extrémités des rameaux de l'*Artemisia campestris,* dans
une toile légère ; août ; Jourdheuille.

palealis. — Dans les Ombelles du *Daucus carota ;* hiverne en terre ;
août.

verticalis. — *Spartium scoparium ;* en juin. — Sur les Urticacées ;
Ragonot.

NOMOPHILA

noctuella. — Sur le *Polygonum ;* MARTORELL.

PSAMOTIS

pulveralis. — *Mentha aquatica* ; août ; MERRIN.

PIONEA

forficalis. — *Brassica oleracea, Cochlearia armoracia ;* en juin et juillet, puis en août et septembre.

OROBENA

extimalis. — *Sisymbrium sylvestre, Iberis amara ;* hiverne dans une toile ; septembre et octobre.

straminalis. — Dans les tiges de blé ; mars.

sophialis. — De TISCHER présume qu'elle vit sur le *Rubia tinctoria.*

isatidalis. — *Isatis tinctoria, Lepidium draba* et quelques autres Crucifères ; mars, avril, mai, juin.

PERINEPHELE

lancealis. — *Alnus ;* se retire dans la tige du *Sium latifolium ;* en septembre. — Feuilles roulées des *Senecio sarracenicus* et *Eupatorium cannabinum ;* juillet ; JOURDHEUILLE.

MARGARODES

unionalis. — *Peucedanum officinale ;* ZINCKEN. — Les *Olea*, de préférence l'*O. oleaster*. — Et aussi, dit MILLIÈRE, l'*Arbutus unedo, Jasminum fruticans, Ligustrum japonicum ;* toute l'année.

ANTIGASTRA

catalaunalis. — *Linaria spuria ;* du 15 août au 15 octobre.

METASIA

carnealis. — Dans les feuilles du *Marrubium ;* passe l'hiver en chrysalide ; MARTORELL.

AGROTERA

nemoralis. — *Castanea vulgaris ;* C. LAFAURY. — *Chrysosplenium alternifolium ;* avril ; MERRIN.

HYDROCAMPA

stagnata. — *Lemna, Potamogeton;* avril; Merrin, — *Sparganium ramosum, S. simplex;* Jeffrey.

nymphæata. — Sur les feuilles submergées des *Potamogeton natans, Nymphæa alba* et *Nuphar luteum;* mai. — En avril; Guénée.

PARAPONYX

stratiotata. — *Stratiotes aloides, Ceratophyllum demersum, Callitriche verna, Nuphar,* etc. — *Nasturtium officinale;* Martorell; mai. — Mars et avril; Guénée.

CATACLYSTA

lemnata. — Sur les Lentilles d'eau, dans les eaux stagnantes; la chenille a un fourreau de soie entouré de débris de la plante; mai. — Avril; Guénée.

ACENTROPUS

niveus. — *Potamogeton pectinatus* et *P. lucens;* la chenille vit jusqu'à la fin de juin.

CIRPPOPHAGA

prælata. — Intérieur des Joncs. — *Scirpus lacustris;* Ragonot.

SCHÆNOBIUS

gigantellus. — *Arundo phragmites;* dans les jeunes pousses, puis dans la tige; depuis fin mai jusqu'à la fin d'août.

forficellus. — Tiges des *Carex* et du *Poa aquatica;* milieu de juin.

mucronellus. — *Arundo phragmites;* juin; Merrin.

CHILO

phragmitellus. — *Arundo phragmites;* dans le bas des tiges et dans les racines; se chrysalide ordinairement dans les tiges de l'année précédente; depuis l'automne jusqu'en juin suivant.

cicatricellus. — Dans les tiges de *Scirpus lacustris;* juin.

CALAMOTROPHA

paludella. — Feuilles du *Typha latifolia;* depuis juin jusqu'en juillet.

ANCYLOLOMIA

tentaculella. — Selon Millière, la chenille vit sur les Graminées.

CRAMBUS

hortuellus. — Sur la Mousse épaisse des rochers, dans un tube de soie ;
    passe l'hiver, a toute sa taille en mars.

falsellus. — Sous la Mousse des murs, etc.; *Barbula muralis, Grimmia
    pulvinata ;* février, juin.

verellus. — Mousses des arbres ; mai ? Merrin.

conchellus. — La chenille ronge les Graminées près des Mousses;
    Millière.

myellus. — Sous la Mousse des pierres ; a toute sa croissance commen-
    cement de mars; Treitschke.

fascelinellus. — Dans les racines et les tiges du *Triticum junceum ;*
    juin, juillet ; Merrin.

spuriellus. — A la base des *Triticum*, dont elle ronge les racines; four-
    reau de soie et de sable; avril.

culmellus. — Mousses humides ; mars ; Merrin.

inquinatellus. — *Barbula muralis ;* juillet.

contaminellus. — La chenille, peu connue, est souterraine ; P. Mil-
    lière.

tristellus. — Mousses humides ; mars ; Merrin.

luteellus. — *Festuca ovina ;* endroits sablonneux ; juin.

EROMENE

bella. — *Scabiosa affinis ;* se chrysalide à la fin d'octobre. — *Sca-
    biosa candicans ;* sur les fleurs ; Millière.

Ramburiella. — La chenille doit également se nourrir de Scabieuses sau-
    vages ; Millière.

DIORYCTRIA

sylvestrella (splendidella H. S.). — Bois pourri, cônes, bourgeons ; Merrin.
    — Non aux dépens des feuilles et des bourgeons, mais de la
    partie ligneuse ; Millière.

abietella. — *Pinus sylvestris*, entre l'écorce et l'aubier ; a toute sa taille
    vers la fin de juin.

NEPHOPTERYX

spissicella. — *Quercus robur;* dans une toile, entre les feuilles; mai.

rhenella. — *Salix* et *Populus*, entre les feuilles, dans un tube de soie; août, commencement de septembre.

genistella. — *Genista corsica;* RAMBUR. — *Ulex;* de septembre à juillet; MERRIN.

similella. — Vit en petite société, sur le *Quercus robur;* juillet.

albicilla. — Vit entre les feuilles du *Salix capræa;* août.

satureiella. — Rive les feuilles terminales du *Satureia montana;* a toute sa taille vers le 20 ou 25 juin; MILLIÈRE.

ETIELLA

Zinckenella. — *Colutea arborescens*, *Pisum*, gousses vertes, et aussi, selon MILLIÈRE, dans les gousses de l'Acacia cultivé; août et septembre.

PEMPELIA

semirubella. — Racines de Graminées, sur les pentes sèches et gazonnées; dans une toile légère, sur le sol; mai.

euphorbiella. — *Euphorbia characias;* sous une toile légère; passe l'hiver et se chrysalide; mars, fin avril.

cingillella. — *Myricaria germanica;* sur les fleurs; se chrysalide fin juillet. — Juin; JOURDHEUILLE.

hostilis. — *Populus*, *Salix;* juillet à septembre; MERRIN.

formosa. — Sur l'*Ulmus campestris;* juin.

betulæ. — Entre les feuilles attachées du *Betula alba;* se chrysalide sur la terre; mai.

gallicola. — *Pistacia lentiscus;* galles; depuis octobre, jusqu'au printemps; MILLIÈRE.

palumbella. — Dans un tube de soie, sous les *Polygala;* mai.

obductella. — Feuilles attachées d'*Origanum vulgare* et *Mentha arvensis;* tombe à la moindre secousse; juin, juillet.

adornatella. — Mai et juin; MERRIN.

subornatella. — *Thymus;* ZELLER. — *Globularia vulgaris;* MANN. — Mai et juin; MERRIN.

GYNANCYCLA

canella. — *Salsola kali ;* août et septembre; Merrin.

HYPOCHALCIA

ahenella. — Dans un tube de soie, sous les feuilles radicales d'*Helian-themum vulgare* et d'*Artemisia campestris ;* mai.

EUCARPHIA

farrella. — *Anthyllis vulneraria ;* janvier; on peut la trouver, dit Mrrin, ɛhivernant dans des boules de sable.

sareptella. — Vit de racines de plantes herbacées qui croissent dans lo sable ; Millière.

BREPHIA

compositella. — Dans une toile, sous l'*Helianthemum vulgare* et l'*Ar-temisia vulgaris ;* en juin.

ACROBASIS

obtusella. — Sur les feuilles de Poirier; mai.

porphyrella. — *Erica scoparia ;* lie les rameaux supérieurs dans un fourreau ; passe l'hiver et n'a atteint toute sa taille qu'à fin mars.

obliqua. — Les *Cistus*, principalement le *C. albidus ;* se métamorphose commencement d'avril ; rongo les feuilles les plus récentes.

consociella. — *Quercus robur ;* dans un tuyau de soie; mai, commence-ment de juin.

tumidella. — *Quercus robur ;* mai, commencement de juin. — *Daphne gnidium ;* Martorell.

rubrotibiella. — Vit en société, dans une toile, entre les feuilles du *Quercus robur ;* juin.

MYELOIS

cribrum. — Tiges des *Carduus* dont elle mange la moelle; ne s'y trans-forme pas ; fin avril, mai.

robiniella. — *Robinia pseudo-acacia ;* dans les gousses; se chrysalide du 15 au 20 août.

astericella. — *Asteriscus spinosus ;* a toute sa grosseur dans les pre-miers jours de mai.

legatella. — *Rhamnus alaternus;* se transforme en terre; seconde quinzaine de mai.

suavella. — *Prunus spinosa, Rhamnus* et *Cratægus*, dans des tubes de soie ; mai et juin.

romanella. — *Rhamnus alaternus* vieux et maladifs ; mars et avril, jusqu'au mois de mai ; lie les feuilles.

advenella. — Entre les fleurs de *Cratægus oxyacantha* qu'elle attache par des fils ; endroits chauds et abrités ; mai.

epelydella. — *Prunus spinosa* et *Cratægus oxyacantha;* dans des tubes de soie ; juin, juillet.

tetricella. — Gousses du Caroubier ?

ceratoniæ. — *Ceratonia siliqua.* — Dans les siliques en hiver ; se nourrit de la pulpe ; MILLIÈRE.

transversella. — *Psoralea bituminosa;* vit en société sur les feuilles ; en juillet.

bituminella. — *Psoralea bituminosa;* milieu de mars, à la mi-avril, a toute sa grosseur ; MILLIÈRE. — Semble préférer la base de la plante plutôt que la feuille.

ANCYLOSIS

cinnamomella. — Fourreau construit de grains de sable fin ; la chenille passe l'hiver ; vers le milieu ou la fin de mars, a toute sa taille ; doit vivre de racines de Graminées ; MILLIÈRE.

ALISPA

angustella. — Fruits de l'*Evonymus europæus;* hiverne dans une toile ; ne se transforme qu'au printemps ; septembre.

ZOPHODIA

convolutella. — *Ribes rubrum;* fruits à demi mûrs ; juin.

EUZOPHERA

terebrella. — Vit dans les cônes des pins ; DE PEYERIMHOFF.

pinguis. — Sous l'écorce du *Fraxinus excelsior;* mai et juin ; MERRIN. — Mange l'écorce verte et non pourrie.

fuliginosella. — Dans les feuilles sèches du *Betula alba;* avril.

cinerosella (artemisiella ?). — *Artemisia vulgaris* et *A. absinthium;* pendant l'hiver.

HOMŒOSOMA

nebulea. — Dans les têtes de *Carduus nutans ;* août et septembre.

nimbella. — *Aster sinensis ;* commencement d'octobre. — Fleurs des *Hieracium, Solidago, Carlina ;* septembre.

binævella. — Dans les tiges et les têtes de *Cirsium lanceolatum, Carduus acanthoides ;* mai, juin.

sinuella. — Dans les tiges de *Chenopodium, Plantago lanceolata ;* septembre. — La chenille paraît polyphage ; elle lie, au printemps, les feuilles des plantes herbacées ; Millière.

EMATEUDES

punctella. — La chenille, dit Millière, doit vivre, à la fin de l'hiver, de racines de Graminées.

ANERASTIA

lotella. — Tiges et racines de *Festuca ovina* et *Aira canescens ;* avril ; Merrin.

transversariella. — *Quercus robur ;* se chrysalide à la fin de juin.

EPHESTIA

elutella. — Intérieur des maisons ; pain, dattes, fruits secs ; se transforme en automne. — Jourdheuille ; août.

ficella. — Figues ; janvier.

gnidiella. — *Daphne gnidium ;* dans des paquets de feuilles terminales ; depuis le milieu de juillet jusqu'en novembre.

interpunctella. — Farine jaune, pain, biscuit, fruits secs.

GALLERIA.

mellonella. — Cire des ruches, vit dans des galeries ; août et mai. — Juin ; Soc. Belge.

APHOMIA

sociella. — Nids du *Bombus lapidarius ;* se transforme en automne. — Nids des Guêpes ; en septembre ; Jourdheuille. — Suivant Bruyat, elle vivrait en famille, aux dépens du liège, des livres.

MELISSOBLAPTES

bipunctanus. — Dans les nids de Bourdons, en terre ; septembre.

anellus. — Nids du *Bombus terrestris ;* Zincken. — Millière a trouvé
la chenille sur l'*Inula helenium ;* passe l'hiver.

cephalonica. — Raisins de Corinthe ; depuis novembre à janvier.

ACHRŒA

grisella. — Dans les ruches des Abeilles ; juin. — Septembre ; Jour-
Dheuille.

TORTRICINA

RHACODIA

caudana. — Entre les feuilles attachées de *Populus tremula ;* mai.

effractana. — *Salix capræa ;* mai.

TERAS

cristana. — *Salix* rabougris et *Cratægus ;* juin à septembre ; Merrin.

umbrana. — *Salix capræa* et *Populus ;* Jourdheuille. — Chenille, fin
août, commencement de septembre ; de Peyerimhoff.

hastiana. — *Salix capræa, Populus ;* septembre. — *Salix alba* et
S. viminalis ; au printemps ; Millière.

maccana. — *Myrica gale ;* mai, juin ; Merrin.

pyrivorama. — Feuilles du Poirier ; en juin ; Ragonot.

mixtana. — *Calluna vulgaris ;* Jourdheuille. — Rameaux attachés
ensemble.

logiana. — Dans les feuilles pliées des *Viburnum opulus* et *V. lantana ;*
juin, septembre. — Chenille commune, à la fin d'août ; de
Peyerimhoff.

permutatana. — Mai ? Merrin. — Sur les Rosiers ; Ragonot.

variegana. — *Prunus spinosa, Cratægus oxyacantha ;* arbres fruitiers ; lie les feuilles ; juin.

boscana. — Haies d'*Ulmus campestris;* juin.

(Var.) **parisiana.** — Entre les feuilles attachées d'*Ulmus campestris;* septembre.

literana. — *Quercus robur ;* juin.

niveana. — Entre les feuilles du *Betula alba ;* juin.

lipsiana. — Pommier sauvage, *Betula alba, Vaccinium vitis-idæa;* juin; MERRIN.

sponsana. — *Fagus sylvatica, Ulmus campestris ;* juillet; MERRIN.

ufana. — *Salix capræa;* juin.

Schalleriana. — *Symphytum officinale ;* mai ; JOURDHEUILLE. — Je l'ai aussi trouvée sur les *Populus* et les *Salix*.

comparana. — *Comarum palustre, Fragaria vesca, etc.;* mai à juillet? MERRIN.

aspersana. — *Potentilla, Spiræa, Poterium?* juin.

shepherdana. — *Eupatorium cannabinum, Spiræa ulmaria;* mai, juin; MERRIN.

ferrugana. — Feuilles roulées de *Quercus robur* et de *Betula alba;* mai.

Forskaleana. — Sur l'*Acer campestre* et les *Rosa;* mai.

holmiana. — *Pyrus communis,* et plusieurs autres arbres fruitiers, Rosier, Aubépine, Prunellier ; mai.

contaminana. — Poirier sauvage, Prunellier, Aubépine ; mai.

Lorquiniana. — *Lythrum salicaria ;* mai.

TORTRIX

piceana. — *Pinus abies* et *Acer campestre;* atteint toute sa croissance en juin.

podana. — *Salix, Rosa, Berberis vulgaris.* — Mai et juin ; MERRIN.— Doit vivre sur l'*Alnus glutinosa;* MILLIÈRE. — Polyphage; RAGONOT.

cratægana. — Sur les arbres fruitiers ; printemps.

xylosteana. — *Lonicera xylosteum* et plusieurs arbres fruitiers, *Quercus robur.* — Mai ; MERRIN. — Juin ; MILLIÈRE.

rosana. — *Betula alba, Acer campestre, Tilia europæa, Corylus avellana, Populus tremula, Fagus sylvatica, Cratægus oxyacantha, Ribes rubrum, Rosa;* a toute sa taille commencement de juin.

sorbiana. — *Pyrus domestica, Prunus cerasus, Quercus robur;* mai.

Lafauryana. — Sommet des tiges de *Myrica gale;* feuilles terminales, qu'elle réunit; fin juin, commencement juillet.

semialbana. — *Prunus cerasus, P. domestica* et *P. spinosa;* polyphage; a toute sa taille les quinze premiers jours de mai.

corylana. — Sur plusieurs espèces d'arbres, particulièrement : *Quercus robur, Betula alba, Corylus avellana ;* bois feuillus; mai.

ribeana. — *Betula alba, Ribes rubrum, Ulmus campestris ;* fin mai.

cinnamomeana. — *Fagus sylvatica, Larix europæa, etc.;* mai; MERRIN.

hoparana. — *Quercus robur, Fagus sylvatica, Betula alba, Salix capræa, Syringa vulgaris;* se transforme à la mi-juin.

dumetana. — Plantes basses ; mai ; MERRIN.

lecheana. — *Quercus robur, Acer campestre;* les arbres fruitiers; mai. — *Lonicera periclymenum, Salix;* avril ; MERRIN.

inopiana. — Racines d'*Artemisia campestris;* septembre ; MERRIN.

histrionana. — *Pinus picea;* juin.

musculana. — *Betula alba, Salix capræa ;* septembre; passe l'hiver et se chrysalide en mars.

unifasciana. — *Ulmus campestris, Cratægus oxyacantha;* juin.

strigana. — *Artemisia campestris ;* en juin et juillet.

diversana. — Polyphage, sur les arbres; mai.

formosana. — La chenille doit vivre, dit MILLIÈRE, à la fin de l'hiver, dans les fruits du *Pinus sylvestris.*

cupressana. — Sur le Cyprès ; mai et juin. — *Juniperus oxycedrus;* MILLIÈRE.

Mabilliana. — *Pistacia lentiscus;* réunit les feuilles en paquet; en août; a plusieurs générations successives; RAGONOT.

polytana. — *Coriaria myrtifolia;* MARTORELL; en mai.

cinctana. — *Anthyllis vulneraria ;* mai? MERRIN.

rigana. — Lie les feuilles des Clématites; au printemps ; MILLIÈRE.

ministrana. — *Betula alba* et, ajoute JOURDHEUILLE, les *Rhamnus ;* fin août jusqu'au milieu de septembre, octobre; passe l'hiver ; se chrysalide fin mars.

bifasciana. — *Cornus* et *Rhamnus ;* dans les fruits; octobre.

Conwayana. — *Ligustrum* et *Berberis ;* dans les baies; se chrysalide en dehors, sous une toile blanche; octobre.

Bergmanniana. — Rosiers des jardins; en avril et mai.

Læflingiana. — *Quercus robur ;* entre les feuilles pliées; mai.

viridana. — Principalement *Quercus robur ;* se transforme fin mai ; ronge les feuilles.

pronubana. — *Arbutus unedo, Asphodelus ramosus, Rosmarinus officinalis,* plusieurs espèces d'*Euphorbia, Thymus vulgaris, Robinia pseudo-acacia, Rhus coriaria, Pistacia lentiscus, Passerina thymelæa, Smilax aspera* et diverses *Aristolochia ;* janvier.

croceana. — *Pistacia lentiscus, Dorycnium suffruticosum ;* feuilles en paquets ; il faut la chercher seulement en mars et avril.

Fosterana. — *Hedera helix, Lonicera periclymenum, etc. ;* mars, avril, mai, juin ; MERRIN.

viburniana. — Dans les pousses des *Alisma plantago, Ranunculus acris, Caltha palustris, Ononis spinosa ;* juillet.

unicolorana. — *Asphodelus ramosus ;* mars ; MILLIÈRE.

paleana. — *Plantago* et presque toutes les plantes basses ; mai, juin ; MERRIN.

hyerana. — Dans les tiges d'*Asphodelus ramosus ;* vit aussi des feuilles ; se métamorphose en avril, hors de la plante ; MILLIÈRE.

Rolandriana. — *Veratrum album ;* CATAL. DE VIENNE.

angustiorana. — *Laurus nobilis* observée aussi sur le *Prunus laurocerasus ;* a toute sa grosseur en mars.

pilleriana. — Polyphage, mais préfère la Vigne ; on la trouve sur le *Stachys germanica, Asclepias vincetoxicum, Iris fœtidissima.* — Les œufs éclosent premiers jours d'août, les chenilles se cachent alors pour hiverner jusqu'au printemps ; de fin avril, au commencement de mai ; à Cannes, se chrysalide en juillet.

grotiana. — *Cratægus oxyacantha ;* BERCHSTEIN ; en septembre.

gnomana. — Polyphage ; bois feuillus ; mai.

gerningana. — *Vaccinium uliginosum ;* mai. — *Statice armeria, Asphodelus, etc. ;* MERRIN.

prodromana. — *Potentilla anserina ;* juillet.

SCIAPHILA

longana. — Presque toutes les plantes basses ; mai et juin ; MERRIN.

penziana. — Les *Sedum alsinefolium, album, stellatum* et quelquefois *Sempervivum arachnoideum ;* juin et juillet.

chrysantheana. — Diverses plantes ; juin ; MERRIN.

Wahlbomiana. — *Solidago virgaurea, Melampyrum sylvaticum, Lysimachia vulgaris* ; mai, juin.

nubilana. — *Prunus spinosa, Cratægus oxyacantha ;* mai.

DOLOPLOCA

punctulana. — Sur le *Ligustrum* et le *Lonicera xylosteum ;* juillet.

CHEIMATOPHILA

tortricella. — *Quercus robur ;* juin et juillet.

EXAPATE

congelatella. — Les *Salix*, principalement le *Salix purpurea*, Cerfeuil sauvage, arbres fruitiers ; mai et juin ; JOURDHEUILLE.— Pou es terminales du *Prunus spinosa* et du *Ligustrum vulgare, Ulmus, Mespilus, Rubus idæus ;* FREY.

OLINDIA

ulmana. — *Ficaria ranunculoides ;* au commencement du printemps.

COCHYLIS

hamana. — *Ononis repens ?* mai et juin ; MERRIN.

zoegana. — Racines de *Scabiosa columbaria, Centaurea nigra, etc. ;* avril ; MERRIN.

procerana. — Têtes de *Dipsacus ;* en mars.

zebrana. — Dans les fleurs d'*Helichrysum arenarium ;* juillet.

Simoniana. — Vit sur le *Dorycnium* ; MARTORELL.

maculosana. — Framboisier ; septembre ; MERRIN. — Fleurs naissantes du *Chondrilla juncea ;* mai ; MILLIÈRE. — Graines de la Jacinthe des bois ; *Endymion nutans ;* RAGONOT. — La chenille hiverne et ne se transforme qu'au printemps.

Schreibersiana. — Sous l'écorce des grands Peupliers et des Ormes ; janvier et février.

griseana (*udana*). — Tiges de l'*Alisma plantago ;* avril ; MERRIN.

vectisana. — *Plantago maritima ;* mai et août ; MERRIN.

cruentana. — *Salix capræa ;* avril et mai.

sanguisorbana, — Dans les graines de *Sanguisorba officinalis ;* juin.

ambiguella. — Dévaste les vignes ; au printemps dans les fleurs, à l'automne dans les grappes.

straminea. — Têtes de *Centaurea nigra;* septembre et octobre; MERRIN.

alternana. — Têtes de *Centaurea scabiosa* ; septembre et octobre; MERRIN.

hilarana. — Tiges boursoufflées en forme de galle d'*Artemisia campestris;* à environ 3 centimètres de terre; mai.

dipoltella. — Dans les ombelles d'*Achillea millefolium* qu'elle attache par des fils ; janvier et février.

zephyrana. — *Eryngium campestre;* tiges inférieures et racines; mai.

æneana. — Racines de *Senecio Jacobæa;* mars; RAGONOT.

rutilana. — *Juniperus ;* dans une toile entre les aiguilles; mars.

aleella. — Racines de *Picris hieracioides;* de septembre à avril; MERRIN.

badiana. — Dans les racines et les tiges de *Trifolium* et de *Cirsium ;* juillet.

Kindermanniana. — Dans l'extrémité des pousses d'*Artemisia campestris ;* juin.

sanguinana. — Tiges d'*Eryngium campestre;* TREITSCHKE; passe l'hiver ; a toute sa taille en juin.

francillana. — Dans les tiges mortes l'année précédente du *Daucus carota, Ferula nodiflora* et de *Eryngium campestre;* mai.

flagellana. — Dans les tiges mortes de l'année précédente.

dilucidana. — Tiges de *Pastinaca sativa;* septembre et octobre.

Smeathmanniana. — Ombelles de l'*Achillea millefolium;* hiverne; octobre; FOUCARD.

moguntiana. — Dans l'extrémité des pousses de l'*Artemisia campestris;* juin.

implicitana. — *Anthemis cotula.* — Fleurs de *Gnaphalium, Pyrethrum inodorum, Tanacetum, Artemisia, Solidago virgaurea;* octobre.

ciliella. — Graines de *Primula;* dans les prairies ; juin.

phaleratana. — *Solidago virgaurea ;* dans les fleurs réunies; octobre.

purpuratana. — Têtes de *Dipsacus;* printemps ; FALLOU.

roseana. — Tiges de *Dipsacus ;* d'octobre à avril; MERRIN.

roseofasciana. — *Cirsium ;* MILLIÈRE.

rupicola. — *Chrysocoma linosyris;* dans les fleurs où elle hiverne; octobre.

purpuratana. — La chenille vit aux dépens du *Chondrilla juncea;* se tient parmi les fleurs, s'y transforme souvent; MILLIÈRE.

Manniana. — Dans les tiges de *Mentha sylvestris ;* mai.

notulana. — Tiges de *Mentha sylvestris ;* endroits tourbeux ; mai.

curvistrigana. — Fleurs de *Lactuca muralis ;* juillet ; MERRIN.

ambiguana. — Dans les chatons du *Betula alba ;* mars.

hybridella. — Tiges de *Carduus ;* se chrysalide ; septembre. — *Sonchus oleraceus ;* G. BARRETT.

posterana. — Dans les fleurs de *Centaurea, Carduus nutans, Lappa tomentosa ;* se chrysalide en terre ; octobre, juin ; MILLIÈRE.

atricapitana. — Tiges de *Senecio ;* septembre.

dubitana. — Fleurs de *Senecio Jacobæa, Cirsium lanceolatum, Picris hieracioides, Hieracium murorum* et *H. umbellatum ;* juin, septembre.

PHTEOCHROA

rugosana. — *Bryonia dioica ;* dans les baies attachées ; septembre ; JOURDHEUILLE. — *Ecballion elaterium ;* tiges ; janvier ; il est bon de chercher la chenille sur l'arrière-saison ; MILLIÈRE.

RETINIA

duplana. — Sapins ; *inus sylvestris ;* août ; MERRIN. — Attaque le fruit ; DUPONCHEL.

sylvestrana. — Bourgeons de *Pinus sylvestris ;* septembre ; MERRIN.

pinivorana. — Dans les bourgeons de *Pinus sylvestris ;* avril.

turionana. — Boutons et bourgeons du *Pinus sylvestris ;* en mars et en avril.

buoliana. — Bourgeons du pin qu'elle courbe et empêche de croître ; mars, avril et mai.

tessulatana. — Vit dans l'intérieur des cônes de Cyprès ; en hiver ; MARTORELL.

margarotana. — Cônes des Pins ; MARTORELL.

resinella. — *Pinus sylvestris ;* hiverne dans les amas de résine des Pins ; elle a atteint toute sa taille en octobre ; se chrysalide, janvier, février et mars.

pollinis. — La chenille vit en mars et avril mêlée au pollen du *Pinus maritima ;* MILLIÈRE.

PENTHINA

profundana. — *Quercus robur ;* juin.

Schreberiana. — Chenille sur *Prunus padus;* DE PEYERIMHOFF.

salicella. — Différentes espèces de *Salix* et de *Populus;* mai, juin.

semifasciana. — *Salix* à feuilles velues ; juin.

scriptana. — *Salix ;* mai.

capreana. — *Salix ;* avril, mai.

corticana. — *Betula alba ;* mai.

betulætana. — *Betula alba ;* mai.

sororculana. — *Betula alba;* juillet.

sauciana. — *Vaccinium;* août ; MERRIN.

variegana. — Toutes espèces d'arbres fruitiers, le *Quercus robur*, le *Prunus spinosa ;* mai. — A deux époques ; MILLIÈRE.

pruniana. — *Prunus domestica, P. spinosa, P. cerasus;* les arbres, fruitiers, les *Salix;* commencement d'avril, mai.

ochroleucana. — *Rosa centifolia;* mai.

dimidiana. — Bouleaux et Tilleuls; septembre.

oblongana. — Têtes de *Dipsacus ;* mars

sellana. — Têtes de *Cirsium et Dipsacus;* juin. — Le *Dipsacus fullonum* particulièrement.

gentiana. — *Dipsacus fullonum;* hiverne de novembre à avril; MERRIN.

nigricostana. — Racines de *Stachys;* septembre, octobre à mars ; MERRIN.

fuligana. — *Stachys ;* mai; MERRIN.

lapideana. — Dans les racines de *Digitalis ambigua ;* avril.

postremana. — Hiverne dans les racines d'*Impatiens ;* s'y métamorphose ; janvier et février.

scitulana. — Sur le *Vaccinium myrtillus ;* mai.

arbutella. — *Vaccinium;* tord les bourgeons; avril; MERRIN. — *Arbutus unedo ;* en hiver et au premier printemps ; MILLIÈRE.

myrgindana. — Bourgeons de *Myrica et* de *Vaccinium ;* avril; MERRIN.

rufana. — *Helianthemum vulgare;* avril ; MERRIN.

siriana. — Racine du *Taraxacum dens-leonis.*

branderiana. — Entre les feuilles du *Populus tremula ;* mai.

astrana. — *Polygonum bistorta ;* juin et juillet.

Schulziana. — *Pinus sylvestris ;* mai; MERRIN.

arcuella. — Troncs des *Corylus avellana* malades; TREITSCHKE.

rivulana. — *Galium, Alnus glutinosa ;* avril? MERRIN.

urticana. — Sur plusieurs espèces d'arbres et arbrisseaux : *Ulmus campestris, Betula alba, Salix alba, Vaccinium myrtillus, Rubus fruticosus ;* tout le mois de mai.

lacunana. — Polyphage ; mai.

bipunctana. — Sur les *Vaccinium ;* mai.

hercyniana. — Entre les aiguilles des Sapin ; se chrysalide en terre ; mai.

achatana. — Entre les feuilles du *Cratægus oxyacantha* et des arbres fruitiers ; mai. — Haies, *Prunus spinosa ;* MILLIÈRE.

antiquana. — Hiverne dans les racines du *Stachys arvensis ;* janvier et février.

ASPIS

Uddmanniana. — *Rubus idæus, R. fruticosus ;* dans les feuilles attachées ; mai, juin.

APHELIA

lanceolana. — Tiges de Cypéracées ; avril ; MERRIN.

littorana. — *Armeria plantaginea ;* mai et juin ; MERRIN.

venosana. — *Cyperus longus* ; C. LAFAURY.

EUDEMIS

botrana. — *Rosmarinus officinalis,* accidentellement ; sa vraie nourriture est la Vigne et le *Daphne gnidium ;* dans le milieu de la fleur. — En août et septembre ; MILLIÈRE.

artemisiana. — *Anchusa officinalis.*

bicinctana. — *Allium porrum,* dans les semences ; commencement juin, fin juillet, août ; G. ROUAST. — Graines de l'*Odontites lutea* et de l'*Allium schœnoprasum ;* MILLIÈRE.

staticeana. — *Statice cordata ;* mars, avril, mai, commencement de juin ; les générations se succèdent jusqu'à la fin d'août ; MILLIÈRE.

limoniana. — *Statice limonium ;* janvier, février, mars. — En été et en automne ; MILLIÈRE.

quaggana. — *Senecio maritimus ;* dont elle ronge les étamines ; en juin ; la première génération ronge les feuilles en mars, et les fleurs, en mai.

LOBESIA

permixtana. — ? *Anchusa officinalis ;* juin, septembre.

ECCOPSIS

atifasciana. — Dans des tubes de soie, sous la Mousse des arbres ; mai.

ACROCLITA

consequana. — *Euphorbia characias ;* éclôt en novembre, a toute sa grosseur fin janvier ou commencement février ; Millière ajoute : et sur la plupart des *Euphorbia* du littoral. — Avril et juin ; Catal. Alpes-Marit.

PETALEA

Klugiana. — Dans les feuilles supérieures de *Pæonia rosea ;* avril.

festivana. —Doit vivre, dit Millière, aux dépens du *Corylus avellana.*

GRAPHOLITHA

grandævana. — Racines des *Tussilago farfara* et *T. petasites;* mars, avril ; Merrin.

lacteana. — *Artemisia campestris* ; dans une boursoufflure qu'elle produit dans la tige ; octobre.

Hohenwartiana. — On croit qu'elle vit sur l'*Hypericum quadrangulum;* Treitschke. — *Cirsium lanceolatum ;* Jourdheuille.

Scopoliana. — Hiverne dans les têtes de Chardons, s'y chrysalide ; janvier et février, mai.

æmulana (latiorana). — *Solidago virgaurea ;* dans les fleurs ; se chrysalide sur terre ; octobre.

hepaticana. — *Senecio sylvaticus* et *S. sarracenicus ;* dans les tiges ; octobre ; Jourdheuille.

tedella. — Entre les aiguilles des Pins et des Sapins, dans une toile ; octobre.

demarniana. — Dans les chatons de *Betula* et de *Populus ;* avril.

subocellana. — *Salix capræa ;* sous les feuilles ; mi-septembre, octobre.

nisella. — Sur les chatons de Peupliers et de Saules, puis devient polyphage ; mai.

Penkleriana. — Chatons du *Corylus avellana* et des *Alnus ;* bourgeons qui se flétrissent; mars, avril ; Ragonot.

ophthalmicana. — *Populus tremula ;* mai.

Solandriana. — *Corylus avellana, Betula alba, Populus tremula, Salix capræa,* Peupliers et Aulnes ; se transforme vers la fin de juin.

semifusciana. — *Spiræa ulmaria* et *Salix* malades ; juin ; MERRIN.

sordidana. — *Alnus ;* mai.

bilunana. — Chatons des *Alnus* et des *Betula ;* avril.

tetraquetrana. — *Betula alba ;* se transforme milieu de septembre.

immundana. — *Betula alba, Alnus glutinosa* et A. *incana ;* feuilles ;
avril, mai.

similana. — *Betula alba, Corylus avellana, Alnus ;* mai.

thapsiana. — Vit en juillet, sur le *Thapsia garganica* et autres Ombellifères.

incarnatana. — Chenille sur le *Betula alba.* — Mai ; MERRIN.

suffusana. — *Cratægus oxyacantha ;* mai ; GUÉNÉE.

rosæcolana. — *Rosa ;* mai ; MERRIN.

tripunctana. — Boutons de Rosiers ; commencement de juin.

cynosbana. — *Rosa canina ;* bourgeons ; avril, mai et juin.

Pflugiana. — Tiges des *Carduus ;* mars.

cirsiana. — Hiverne dans les tiges de *Cirsium palustre, Scabiosa,
Carduus ;* s'y chrysalide ; janvier et février. — Mars, avril ;
MERRIN.

trigeminana. — *Senecio ;* août et septembre ; MERRIN.

brunnichiana. — *Tussilago farfara ;* tiges ; en mars.

turbidana. — Racines de *Petasites vulgaris ?* avril ; MERRIN.

fænella — Racines et rameaux de l'*Artemisia vulgaris ;* commencement
du printemps ; se chrysalide dans les racines.

citrana. — *Achillea millefolium ;* RAGONOT ; septembre.

pupillana. — Tiges des *Carduus ;* mars. — *Artemisia absinthium ;*
LINNÉE.

incana. — *Artemisia campestris ;* boursoufflure des tiges; octobre.

conterminana. — *Artemisia campestris.* — Sur les fleurs des *Lactuca
virosa, scariosa,* et Salades des jardins ; juillet.

Sapidiscana. — *Solidago virgaurea, Chrysocoma linosyris ;* tubes de
soie entre les fleurs ; octobre.

hypericana. — *Hypericum perforatum ;* dans les fleurs et les graines,
entre les feuilles attachées ; mai, juin.

albersana. — *Lonicera periclymenum ;* octobre.

tenebrosana.—Dans les gousses des Pois et des Vesces; septembre, octobre.

nebritana. — Dans les gousses de *Pisum sativum ;* août.

roseticolana.— En automne, dans les baies du Rosier; DE PEYERIMHOFF.
— Octobre ; JOURDHEUILLE.

funebrana. — Pruniers, Mirabelliers, Prunelliers, dont elle dévore les fruits; DE PEYERIMHOFF. — Dévore la chair de tous les fruits à noyaux, surtout les Prunes; août, septembre, octobre, et une autre génération en mai, dans les tiges.

adenocarp). — Dans les gousses de l'*Adenocarpus complicatus*; en juin, puis en septembre; s'élève avec les gousses du *Sarotham nus scoparius*; RAGONOT.

micaceana. — *Ulex europæus.*

succedana. — Gousses de l'*Ulex*; en août. — Pousses de *Cytisus nigricans* dont elle mange les fruits verts, et aussi sur *Cytisus sagittalis* et *Ulex*; JOURDHEUILLE. — Larve au printemps, sur les *Cytisus*; MILLIÈRE.

Servillana. — *Salix capræa*; dans une boursoufflure des branches, y hiverne et s'y chrysalide; octobre.

microgrammana. — *Ononis ?* septembre; MERRIN.

Strobilella. — Dans les pommes de Pins; en automne; passe l'hiver et se chrysalide en juin.

juniperana. — Dans les graines de *Juniperus communis* et *J. oxycedrus*; janvier et février; s'y chrysalide vers la fin d'avril; MILLIÈRE.

corollana. — Hiverne dans une boursoufflure qu'elle produit dans les branches du *Populus tremula*; janvier et février.

cosmophorana. — Sous les écorces de *Pinus abies*; en compagnie de la *Retinia resinella*; janvier, février, mars. — Selon MERRIN, elle ne vivrait pas que sur l'*Abies excelsa*, mais sur le Pin d'Ecosse et, dit-on, dans la résine.

coniferana. — Sous les écorces de *Pinus sylvestris*; janver et février. — Mars, avril; MERRIN.

pactolana. — Sous les écorces de *Pinus abies*; janvier à mars.

Weberiana. — Vit aux dépens de la sève de plusieurs arbres fruitiers, tels que *Cerasus, Prunus, Armeniaca, amygdalus*; sous les écorces des arbres malades; avril, mai.

ruffillana. — Dans les ombelles des Carottes sauvages; s'y fait des tubes de soie et se nourrit des graines; septembre, octobre.

weirana-hexana. — *Fagus sylvatica*; août et septembre; MERRIN.

nitidiana. — *Quercus robur*; de septembre à mai; MERRIN.

leplastriana. — Tiges de *Brassica oleracea*; depuis octobre à mars, ou avril; MERRIN.

duplicana. — Dans l'aubier des *Pinus*; janvier et février.

perlepidana. — *Orobus niger ;* DE TISCHER. — Entre les feuilles ; se chrysalide en terre ; juillet.

pallifrontana. — Dans les gousses vertes de l'*Astragalus glycyphyllos ;* août.

leguminana. — *Alnus glutinosa ;* août ? MERRIN.

dorsana. — Dans les siliques des Pois et des Vesces ; septembre. — *Orobus tuberosus ;* mai, juin ; BARRETT.

orobana. — Gousses de *Vicia cracca ;* août et septembre ; MERRIN. — *Vicia sylvatica ;* BARRETT.

aurana. — Graines des Ombellifères ; juillet ; MERRIN.

CARPOCAPSA

pomonella. — Intérieur des pommes, des poires et des noix ; la chenille hiverne ; a toute sa taille fin juillet, commencement d'août, septembre.

grossana. — Dans les faines ; septembre. — Glands des Chênes verts ; se chrysalide dans les feuilles sèches ; MILLIÈRE.

splendana. — Dans les châtaignes et les glands ; septembre. — Dans les glands tombés ; JOURDHEUILLE. — Les noix, les amandes, etc. ; MILLIÈRE.

amplana. — Dans les glands ; passe l'hiver dans la mousse et ne se chrysalide qu'en juin suivant.

COPTOLOMA

janthinana. — Fruits malades du *Cratægus oxyacantha ;* septembre.

PHTOROBLASTIS

fimbriana. — Dans le bois des Chênes pourris ; octobre.

argyrana. — Mousses des arbres et écorces ; octobre.

costipunctana. — Dans les galles du *Sorbus torminalis ;* à l'extrémité des rameaux des jeunes Chênes ; janvier, février.

Juliana. — Dans les glands ; RAGONOT.

spiniana. — *Cratægus oxyacantha, Prunus spinosa ;* mai ; MERRIN.

populana. — *Salix caprœa ;* mai et juin.

regiana. — Sous l'écorce du Sycomore ; d'octobre à mars ; MERRIN.

rhediella. — Dans les fruits verts, *Cratægus oxyacantha ;* septembre.

TMETOCERA

ocellana. — *Carpinus betulus;* Chêne et Aulne; mai; arbres fruitiers.

lariciana. — *Larix europæa.*

STEGANOPTYCHA

aceriana. — Dans les bourgeons de *Populus* qu'elle creuse; mai.

incarnana. — *Corylus avellana*, Cerisiers; mai. — Sur les *Populus* et les *Salix;* JOURDHEUILLE.

neglectana. — Écorces des *Salix* et des *Populus;* mai; MERRIN.

simplana. — *Populus tremula*; mai. — Chenille en octobre; DE PEYERIMHOFF.

nigromaculana. — *Senecio;* août et septembre; MERRIN.

ramella. — *Betula alba, Populus;* dans les chatons; avril.

altheana. — Au cœur des plantes de *Lavatera arborea;* janvier et février; plie les feuilles dont elle se nourrit; MILLIÈRE.

oppressana. — *Populus;* septembre; MERRIN.

corticana. — *Quercus robur*; entre les feuilles et dans les galles du *Sorbus torminalis;* mai, juin.

signatana. — *Prunus padus;* mai; MERRIN.

Ratzburgiana. — *Abies excelsa;* pousses terminales et aiguilles; mai et juin; MERRIN.

nanana. — Dans les aiguilles de Sapins, s'y chrysalide dans une toile blanche; octobre.

ustomaculana. — *Vaccinium;* avril, mai; MERRIN.

vacciniana, — *Vaccinium myrtillus, Berberis vulgaris;* entre les feuilles; octobre.

fractifasciana. — Têtes de *Scabiosa*, prairies sèches; août.

quadrana. — *Scabiosa arvensis, Centaurea cyanus;* mai; MERRIN.

mercuriana. — *Dryas octopetala ;* mai, juin et septembre ; MERRIN.

cruciana. — Dans les bourgeons des *Salix* et plus tard dans les rameaux; avril, mai.

trimaculana. — Entre les feuilles d'*Ulmus campestris;* mai. — La chenille vit en mars; chaton de *Corylus avellana;* se transforme en terre ; fin avril ; MILLIÈRE.

minutana. — *Populus alba;* se transforme au pied de l'arbre; à fin mai, commencement juin a toute sa grosseur; et aussi, dit MILLIÈRE, sur le *Salix viminalis;* lie les feuilles supérieures.

PHOXOPTERYX

Mitterbacheriana. — *Quercus robur;* entre les feuilles où elle hiverne.

upupana. — *Quercus robur, Betula alba;* septembre; Merrin.

lætana. — *Populus tremula;* août et septembre. — En mai; Jourdheuille.

tineana. —Sur les *Cratægus;* octobre.

curvana. — *Pyrus malus* et *P. communis, Cratægus oxyacantha;* C. Lafaury.

biarcuana. — *Salix;* août; Merrin.

diminutana. — *Salix;* août; Merrin.

uncana. — Sur les Bruyères; avril. — *Myrica gale;* Merrin.

unguicella. — Sur les Bruyères; en avril.

siculana. — *Rhamnus frangula, Cornus, Ligustrum*; entre les rameaux; septembre et octobre. — Selon Jourdheuille, en juin. — Passe l'hiver, se chrysalide au printemps. Ann. Soc. Belge.

comptana. — *Potentilla cinerea*; entre les feuilles; octobre.

lundana. — *Trifolium, Vicia;* août à avril ;Merrin.

myrtillana. — *Vaccinium;* juillet, septembre; Merrin.

derasana. — *Rhamnus frangula;* août, septembre; Merrin.

RHOPOBOTA

nævana. — *Vaccinium vitis, Vitis-idæa* et *V. myrtillus;* polyphage; mai et juin.

DICHRORAMPHA

Petiverella. — *Achillea millefolium;* septembre, octobre, avril; Merrin.

alpinana. — *Achillea millefolium,* racines; septembre, octobre.

simpliciana. — Dans les racines d'*Artemisia vulgaris;* janvier et février. — Avril; Merrin.

plumbagana. — *Achillea millefolium;* septembre, octobre.

acuminatana. — *Chrysanthemum leucanthemum;* avril; Merrin

consortana. — Bourgeons de *Chrysanthemum;* avril; Merrin.

plumbana. — *Artemisia abrotanum;* mai. — Gousses des Ajoncs; se chrysalide après l'hiver; Jourdheuille.

TINEINA

CHOREUTIS

dolosana. — Feuilles minces de l'*Aristolochia clematitis ;* commencement juillet, mais plus particulièrement en septembre et octobre; MILLIÈRE, DE PEYERIMHOFF.

pretiosana. — *Inula conyza,* principalement *I. Helenium ;* septembre, octobre; MILLIÈRE.

Bjerkandrella. — *Inula conyza ;* du 15 au 30 septembre, quelquefois commencement octobre. — Feuilles radicales des *Carduus carlinæfolius;* MILLIÈRE.

Myllerana. — Entre les feuilles de *Scutellaria galericulata;* juin et août.

SIMŒTHIS

nemorana. — Vit sur le Figuier; juillet, commencement août; ROUAST; ronge la surface supérieure des feuilles.

pariana. — Pommier, Poirier; ronge la surface supérieure des feuilles; août et septembre. — Juin; JOURDHEUILLE.

oxyacanthella. — Chenille sur les *Urtica ;* entre les feuilles légèrement attachées; bois humides; août. — Avril; sur *Parietaria officinalis.*

ATYCHIA

funebris. — Vit dans l'intérieur des racines des Graminées; surtout les *Andropogon;* avril et mai ; MARTORELL.

TALÆPORIA

pubicornis. — Mai ; MERRRIN.

politella.—Vit de Lichens de rochers et probablement de Lichens du *Fagus sylvatica* où on trouve les fourreaux; avril et mai.

pseudobombycella. — Lichens des rochers, probablement Lichens des *Fagus sylvatica, Carpinus betulus* déjà gros; hiverne, parvient à toute sa taille en mai et se chrysalide du 1er au 10 juin.

conspurcatella. — Sa chenille éclôt en été et doit se transformer en hiver; fourreau coniforme composé de soie et de grains de sable fin ; MILLIÈRE.

lapidella. — Sur les rochers, les vieux murs, les troncs d'arbres, recouverts de Lichens ; fourreau légèrement recourbé en corne; mai.

tabulella. — Sur les vieilles barrières ; fourreau ovoïde, station horizontale; se chrysalide à la fin de mai; JOURDHEUILLE.

SOLENOBIA

clathrella. — Fourreau gros et très renflé, de forme à peu près ovoïde, avec trois arêtes obtuses faiblement indiquées, presque triangu-triangulaire; Lichens des vieux bois et des pierres.

pineti. — Côté ombragé des vieilles palissades, sur les murs et les arbres au nord; se cache avec soin dans les moindres fissures ; fourreau triangulaire; janvier et février. — Eclosion fin mars, avril.

triquetrella. — Sur les Lichens des palissades, toujours près de la terre; fourreau triangulaire ; janvier et février; JOURDHEUILLE. — Se chrysalide au mois d'avril; BRUAND.

inconspicuella. — Fourreaux à extrémité plus obtuse que celui du *S. triquetrella* et de couleur plus noirâtre; cela tient, dit BRUAND, probablement à la couleur même des rochers où ils vivent, et des Lichens dont ils se nourrissent.

LYPUSA

maurella. — Sur les Lichens; avril.

PSILOTHRIX

Dardoinella. — Fourreau fusiforme, recouvert de nombreuses petites feuilles sèches; semble polyphage; n'atteint toute sa grosseur qu'à la fin de juin, après avoir passé l'hiver.

MELASINA

ciliaris. — *Hippocrepis comosa;* juin, juillet, août. — MILLIÈRE suppose qu'elle préfère les *Rumex* et les *Leontodon;* fourreau tubuliforme, atténué inférieurement, légèrement arqué, composé de grains de sable et de terre.

lugubris. — Sur plusieurs plantes basses et arbrisseaux ; elle préfère *Onobrychis sativa*, *Erica scoparia*, les *Cistus* ; fourreau allongé, cylindrique, tubuliforme, grisâtre, tissu de soie grise et recouvert de grains de sable et de parcelles rocheuses ; septembre ; passe l'hiver et a tout son développement fin mai ; à Cannes, fin juillet.

DIPLODOMA

marginepunctella. — FOLOGNE croit qu'elle vit d'insectes ; selon JOURDHEUILLE, sur les Lichens au pied des arbres ; se cache dans les rides des écorses ; mai.

XYSMATODOMA

melanella. — Sur les vieilles palissades, les troncs ; fourreau en mai et juin. — Ronge les Lichens des *Quercus robur* ; elle traîne un petit sac ou capuchon coniforme ; MILLIÈRE.

EUPLOCAMUS

anthracinalis. — Racines pourries du *Fagus sylvatica* et les bois pourris ; janvier et avril.

SCARDIA

boleti. — Champignons des *Salix*, *Tilia*, *Quercus* ; depuis l'automne jusqu'au printemps.

MOROPHAGA

morella. — Dans une excroissance du Mûrier blanc ; BARTHELEMY.

BLABOPHANES

imella. — Dans les débris animaux ; V. HEYDEN. — Étoffes de laines abandonnées dans les champs ; octobre.

ferruginella. — Vit au dépens des lainages ; FOUCARD. — Étoffes de laine ; JOURDHEUILLE ; en août.

rusticella. — Tapis, peaux ; en août. — Janvier et février ; MERRIN.

TINEA

fulvimitrella. — Poils, plumes, ossements ; septembre.

tapetzella. — Étoffes de laines, fourrures, plumes, insectes, sabot pourri de cheval; passe l'hiver et se chrysalide au printemps suivant.

aroella. — Chenille dans les bois pourri; juin et fin août; sur les lisières des forêts; H. FREY.

corticella. — Bolets, dans les Champignons du *Fagus sylvatica ;* octobre.

parasitella. — Champignons du *Salix*, bois pourri; octobre. — Avril; MERRIN.

arcuatella. — Dans les Bolets et le bois pourri ; octobre.

picarella. — Vieux Bolets des *Quercus ;* DE PEYERIMHOFF.

nigralbella. — Bolets des vieux *Fagus sylvatica*; octobre.

quercicolella. — Dans les Bolets ligneux du *Quercus robur ;* octobre. — Suivant BRUYAT, dit MILLIÈRE, la chenille vit aux dépens des Champignons desséchés du Mélèze, sur les troncs privés de vie.

granella. — Blé dans les greniers, bois pourri; mai. — Octobre; JOUR-DHEUILLE.

cloacella. — Blé, Orge, Seigle; mai; d'autres passent l'hiver. — Bois pourri; MERRIN.

albipunctella. — Branches pourries; avril; MERRIN.

caprimulgella. — Dans le bois pourri de *Fagus sylvatica*, *Quercus robur ;* janvier et février.

Roesslerella. — Sur les rochers; mai.

nigripunctella. — Le fourreau se trouve sur les vieux murs; avril. — Selon H. FREY, qui lui attribue deux générations, elle vivrait sur le *Parietaria officinalis ;* en juillet et mai.

parietariella. — Mousses sur les murs humides ; sac cylindrique en soie recouvert en haut de parcelles végétales très minces.

misella. — Tiges des Fèves; septembre, octobre ; MERRIN. — Dans les bûchers, où sa chenille, dit MILLIÈRE, vit aux dépens des petites mammifères morts, dont elle ronge les poils.

fuscipunctella. — Vit de débris de toute espèce; détritus et immondice; août

pellionella. — Préfère les fourrures, mais s'accommode de toute substance animale ; sa transformation a lieu en juin et la seconde éclosion passe l'hiver et se chrysalide au printemps. — Se fait un tube de soie, dans les peaux, les lainages ; août.

pallescentella. — Peau de lapin, de lièvre et de chat ; mai, juin ; MERRIN.

merdella. — Dans les fourrures ; octobre, novembre ; MERRIN.

lapella. — Dans les Bolets; octobre; nids d'oiseaux.

semifulvella. — Intérieur des nids d'oiseaux ; octobre.

vinculella. — Rochers et vieux murs; fourreau aplati, couvert de sable; juillet. — Mars et avril; MILLIÈRE.

argentimaculella. — Lichens des murs et des rochers ombragés ; juillet.

PHYLLOPORIA

bistrigella. — Jeunes *Betula alba ;* fin juillet, commencement août.

TINEOLA

biselliella. — Dans le crin des meubles, les lainages; se fait un fourreau composé de débris; a toute sa taille en mars. — JOURDHEUILLE ; en août.

bipunctella. — Insectes desséchés, lainages, etc. RAGONOT.

MYRMECOCELA

ochraceella. — Fourmilière; octobre. — Avril; MERRIN.

LAMPRONIA

morosa. — Rosier sauvage; bourgeons; avril.

luzella. — Mai ; MERRIN.

prælatella. — Fourreau plat, d'un vert blanchâtre; sous les feuilles de Fraisier et de Spirée. — *Fragaria vesca, Geum urbanum ;* Soc. ENTOM. FRANÇ. — Selon RAGONOT, elle vit jusqu'au printemps.

rubiella. — *Rubus idæus* et autres Ronces ainsi que les Rosiers; pousses terminales; en mai, après avoir passé l'hiver.

INCURVARIA

muscalella. — Sous les feuilles sèches; dans sa jeunesse mine les feuilles du *Quercus robur, Cratægus oxyacantha ;* tout l'hiver ; au commencement d'octobre elle a toute sa taille; se chrysalide au printemps suivant. — *Rosa ;* MERRIN.

pectinea. — Sous les feuilles sèches, même en mai; les feuilles du *Betula alba ;* puis se découpant un fourreau, se laisse tomber à terre ; janvier et février. — Mai ; JOURDHEUILLE.

Koerneriella. — Sous les feuilles sèches; mine en mai le *Fagus sylvatica ;* il faut la chercher en automne ou en hiver.

capitella. — Les *Ribes*, dont elle dévore la moelle; mai.

Œhlmanniella. — Sous les feuilles mortes du *Populus fastigiata ;* se nourrit de diverses sortes de plantes; commencement du printemps. — D'octobre à février; MERRIN.

CRINOPTERYX

familiella. — *Cistus salviæfolius ;* a toute sa taille fin janvier, commencement février; mineuse d'abord, se fabrique ensuite un fourreau.

NEMOPHORA

Swammerdammella. — Mine d'abord les feuilles du *Fagus sylvatica* et du *Quercus robur ;* vit ensuite sur les plantes basses, dans un fourreau ; mai.

pilulella. — Dans un fourreau de feuilles du *Vaccinium ;* dans les bois de Pins, sous les pierres ; janvier et février.

ADELA

fibulella. — Dans un fourreau, au pied du *Veronica chamædrys,* après avoir vécu dans les capsules; janvier et février ; il faut la chercher en août et septembre.

rufimitrella. — Sous les *Sisymbrium alliaria, Cardamine pratensis.* — Fourreaux bivalves, ovales et plats; janvier et février; il faut chercher la chenille en août et septembre.

violella. — *Hypericum perforatum*; fourreaux bivalves, plats, bruns, rétrécis au milieu ; août et septembre.

Ochsenheimerella. — Dans les feuilles sèches, sous les *Vaccinium ;* janvier. — La chenille doit vivre, dit MILLIÈRE, sur l'*Abies pectinata.*

Degeerella. — *Anemone nemorosa ;* TREITSCHKE; dans les feuilles sèches, dont elle se fait un fourreau ; janvier et février. — Mars ; MERRIN.

croesella. — Dans les feuilles sèches, dont elle se fait un fourreau ; janvier et février.

viridella. — Sous les feuilles sèches du *Fagus sylvatica* et du *Corylus avellana ;* janvier et février.

NEMOTOIS

metallicus. — Sous les *Scabiosa ;* endroits exposés au soleil; fourreaux plats, bivalves, formés de morceaux de feuilles ; janvier et février ; il faut la chercher dans les mois de septembre et d'octobre.

cupriacellus. — Sur *Sedum album* et *S. reflexum* ; prairies tourbeuses ; avril.

fasciellus. — *Ballota nigra ;* fourreau plat, ovale, allongé, contracté au milieu ; en automne ou au printemps.

minimellus. — *Scabiosa succisa ; Sedum album* et *S. reflexum ;* fourreau plat, bivalve, ovale, allongé ; chenille blanchâtre, à tête noire et au deuxième segment noirâtre ; octobre ; passe l'hiver, se retrouve en avril.

OCHSENHEIMERIA

taurella. — Dans les tiges des Graminées ; les tiges attaquées blanchissent ; avril, mai.

hederarum. — Sur les Lierres des chemins creux et frais, aux dépens desquels doit vivre la chenille ; Millière.

birdella. — Graminées, intérieur des tiges ; mi-mai. — Février ; Merrin.

vacculella. — Bois pourri.

TEICHOBIA

verhuellella. — Feuilles d'*Aspleniumruta-muraria* et *A. trichomanes ;* plus tard, elle se fait un fourreau avec la graine et vit sous les feuilles ; janvier et février.

ACROLEPIA

arnicella. — Mine les feuilles d'*Arnica montana ;* se chrysalide sous la feuille ; mai.

vesperella. — *Smilax aspera ;* se métamorphose dans une feuille ; en décembre, janvier et février.

citri. — Dans l'écorce du fruit du Cédratier ; en octobre ; Millière, Ragonot.

assectella. — Plants d'*Allium porrum* cultivé ; feuilles et tiges ; fin octobre et mai ; G. Rouast.

pygmæana. — *Solanum dulcamara ;* mine les feuilles en produisant de grandes plaques brunâtres ; se transforme dans un cocon brun,

trossé comme un filet, semblable à celui de l'*A. assectella;*
septembre, octobre. — Juin, juillet et octobre ; RAGONOT.

granitella. — *Inula helenium* et *I. dysenterica, Buphthalmum sa-*
licifolium, B. grandiflorum; DE ROESLERSTAMM ; juin.

solidaginis. — La chenille vit en février, à la manière des mineuses, sur
les feuilles radicales de l'*Inula helenium.* — STAINTON l'a re-
trouvée sur l'*Inula dysenterica;* MILLIÈRE.

ROESLERSTAMMIA

erxlebella. — *Tilia;* avril et juillet.

SCYTROPIA

cratægella. — *Pyrus communis, Cratægus oxyacantha, Prunus spi-*
nosa; vit en société ; mai et juin.

HYPONOMEUTA

egregiellus. — *Erica scoparia* et *E. arborea, Calluna vulgaris;* par
petits groupes sur les rameaux ; vers le 15 ou le 20 mars a atteint
son entier développement.

vigintipunctatus. — *Sedum telephium ;* dans les haies, les vignes, les
endroits abrités ; toile commune ; juin et septembre. — Et aussi
le *Sedum purpurascens;* MILLIÈRE.

plumbellus. — *Rhamnus frangula* et d'autres arbustes plantés en
haies, *Evonymus europæus;* mai.

irrorellus. — Pruniers ; mai.

padellus. — Dans une toile, sur les haies de *Prunus spinosa, Cratægus*
oxyacantha; mai.

rorellus. — *Quercus robur*, arbres fruitiers, *Salix;* juin.

malinellus. — Pommier.

cagnagellus. — *Evonymus europæus.*

evonymellus. — *Prunus padus;* couvre de ses toiles les rameaux ; depuis mai jusqu'en juillet.

SWAMMERDAMIA

combinella. — *Prunus spinosa;* toile commune, s'y transforme ; septembre, octobre.

cæsiella. — *Betula alba*, feuilles ; en petites colonies ; juillet, septembre, octobre.

griscocapitella. — *Betula alba ;* FISCHER DE ROSLERITAMM.

oxyacanthella. — Dans une toile légère, sur le *Prunus spinosa* et *Cratægus oxyacantha ;* mai. — Octobre ; DE PEYERIMHOFF.

lutarea. — *Sorbus aucuparia.*

pyrella. — *Pyrus malus, Prunus communis, P. spinosa ;* sous des fils
de soies blanches, rongeant la surface de la feuille ; juillet et
septembre.

spiniella. — *Prunus spinosa.*

conspersella. — *Empetrum nigrum.*

alpicella. — *Prunus spinosa* et *P. domesticus ?*

PRAYS

curtisellus. — *Fraxinus excelsior ;* jeunes pousses non épanouies ; mars,
avril et mai.

oleellus. — Se nourrit du parenchyme de la feuille de l'Olivier ; se
change en chrysalide à la fin de mars ; ensuite dans le fruit, à
l'automne.

PARADOXUS

osyridellus. — *Osyris alba ;* en avril et mai ; MILLIÈRE.

ATEMELIA

torquatella. — *Betula alba ;* sur les feuilles, en société, où elle forme
une large boursoufflure brune ; octobre. — Aussi sur l'Orme ;
RAGONOT.

ZELLERIA

hepariella. — *Fraxinus excelsior ?*

phillyrella. — *Phillyrea angustifolia,* quelquefois les *P. media* et
latifolia ; éclôt vers le 15 ou 30 janvier, atteint son entier développement dès la fin de février ; MILLIÈRE.

oleastrella. — *Olea europæa ;* lie les feuilles ; novembre ou décembre ;
MILLIÈRE.

saxifragæ. — *Saxifraga aizoon ;* fin mai, commencement de juin.

ARGYRESTHIA

ephippella. — Différentes espèces d'arbres et d'arbustes, principalement
Corylus avellana, Prunus spinosa ; feuilles réunies ; mai. —

Dévore les bourgeons des *Cratægus oxyacantha, Prunus spinosa* et des arbres fruitiers ; JOURDHEUILLE.

nitidella. — *Sorbus* et plusieurs espèces de *Prunus.* — Bourgeons de *Cratægus oxyacantha, Pyrus malus ;* avril ; JOURDHEUILLE.

semitestacella. — Bourgeons de *Fagus sylvatica ;* avril.

albistria. — Dans les pousses de *Prunus spinosa ;* mars.

spiniella. — *Sorbus aucuparia ;* mai, juin ; MERRIN.

conjugella. — *Sorbus aucuparia ;* août ; MERRIN.

semifusca. — *Betula alba, Sorbus aucuparia, Prunus spinosa ;* mai ; MERRIN.

mendica. — Vit sur le *Sorbus* et plusieurs espèces de *Prunus,* notamment le *P. spinosa ;* mars, avril.

glaucinella. — Dans l'écorce du *Quercus robur, Æsculus hippocastanum, etc.;* mars, avril ; MERRIN.

retinella. — Bourgeons de *Salix* et de *Betula alba ;* avril. — Mai ; MERRIN. — MILLIÈRE dit qu'elle lie les feuilles.

abdominalis. — Dans les aiguilles du *Juniperus communis ;* avril.

dilectella. — Graines de *Juniperus communis ;* mai ; MERRIN.

Andereggiella. — *Pyrus malus ;* mai ; MERRIN.

cornella. — Vit sur le *Prunus spinosa, Pyrus malus* et *P. communis, Corylus avellana ;* en juin et juillet.

sorbiella. — Boutons des *Sorbus aucuparia* et *S. aria,* l'*Amelanchier* et le *Cotoneaster ;* au printemps.

pygmæella. — Pousses de *Salix* non encore développées ; se chrysalide sur la terre ; mai et juin.

Gædartella. — Après avoir vécu dans les bourgeons, fin avril jusqu'au milieu de mai, elle se retire sous l'écorce pour se transformer.

Brockeella. — Chatons du *Betula alba ;* mars, avril ; MERRIN.

arceuthina. — Dans les aiguilles de *Juniperus,* et à l'extrémité des rameaux dont le sommet est desséché ; janvier à avril.

illuminatella — Dans les aiguilles et les bourgeons de Pins et de Sapins ; janvier et février.

certella. — Dans les aiguilles et les bourgeons de Pins et de Sapins ; janvier et février.

aurulentella. — Feuilles de *Juniperus ;* août ; MERRIN.

CEDESTIS

gysseleniella. — Entre les aiguilles de *Pinus sylvestris,* dans une toile

janvier et février. — Jourdheuille; octobre. — Mars; Merrin.

farinatella. — Mine les aiguilles de Pins et de Sapins. — Jourdheuille; octobre. — Mars, avril ; Merrin. — Janvier et février.

OCNEROSTOMA

piniariella. — Entre les aiguilles de *Pinus sylvestris*, qu'elle mine à partir de l'extrémité, en se rapprochant de la base; avril. — Juin ; Merrin.

EIDOPHASIA

messingiella. — *Cardamine amara;* avril, mai ; Merrin.

PLUTELLA

porrectella. — *Hesperis matronalis ;* mars, avril, mai et juillet.

cruciferarum. — Vit sur un grand nombre de plantes Crucifères, les *Brassica*, principalement les *Navets ;* juillet.

annulatella. — *Cochlearia;* juin ; Merrin.

dalella. — *Arabis;* juin ; Merrin.

CEROSTOMA

vitella. — *Ulmus campestris;* mai et juin ; Jourdheuille.

sequella. — *Salix caprea;* mai. — Sur le *Salix alba*, selon Jourdheuille.

radiatella. — *Quercus robur ;* commencement de juin.

parenthesella. — *Carpinus betulus, Fagus sylvatica ;* entre les feuilles; mai, commencement de juin.

sylvella. — *Quercus robur;* juin.

lucella. — *Quercus robur ;* juin.

alpella. — *Quercus robur;* juin.

persicella. — Sur le Pêcher ; lie les feuilles; juin.

asperella. — *Quercus robur ;* Hubner. — Suivant Treitschke, elle vit de préférence sur les arbres fruitiers, *Prunus domestica, Pyrus communis ;* a toute sa taille fin mai, juin.

scabrella. — *Pyrus malus ;* mai ; Henrich Frey.

horridella. — *Prunus spinosa ;* juin et août.

nemorella. — *Lonicera periclymenum*, et *L. caprifolium.*

falcella. — *Lonicera periclymenum*, et *L. caprifolium*; selon Frey,
elle vit aussi sur le *Lonicera xylosteum*; en mai.

dentella. — *Lonicera xylosteum* et *L. periclymenum*; mai; se transforme premiers jours de juin. — Camécérisier; de Peyerimhoff.

THERISTIS

mucronella. — *Evonymus europæus*; dans une toile, en société; a toute
sa taille fin juin, commencement juillet.

ORTHOTÆLIA

sparganella. — *Iris pseudo-acorus*, les *Sparganium simplex, natans,
ramosum*; mai, juin et juillet.

DASYSTOMA

salicella. — *Salix caprea*; en automne, subit sa métamorphose. —
Feuilles attachées de *Salix triandra*; Jourdheuille. — *Po-
pulus tremula*; Fetcher. — *Alnus* et *Acer campestre*; Frey.
— Polyphage.

CHIMABACCHE

phryganella. — Polyphage, sur bois feuillus; juin. — *Quercus robur*,
dont elle lie les feuilles; *Alnus, Fagus sylvatica*; Frey.

fagella. — *Fagus sylvatica, Quercus robur*, plus souvent *Populus
tremula*, quelquefois *Rosa canina*; août et septembre. — Mai;
Jourdheuille. — *Vaccinium myrtillus, Carpinus betulus,
Betula alba, etc.*; Ragonot; très polyphage.

SEMIOSCOPIS

avellanella. — En mars et avril, sur le Bouleau et le Cerisier; Frey.

EPIGRAPHIA

Steinkellneriana. — *Cratægus oxyacantha, Prunus spinosa, Sorbus*;
juillet, août et septembre.

PSECADIA

sexpunctella. — *Echium vulgare*; sur les fleurs; août.

pustella. — *Lithospermum purpureo cæruleum, Pulmonaria officinalis, Urtica*; mai. — Selon Millière, *Cerinthe major*,

Borrago officinalis; éclôt au printemps ; dès la mi-avril a acquis toute sa grosseur.

bipunctella. — *Echium vulgare, Lithospermum;* juillet, août, septembre ou octobre, suivant les auteurs. — *Echium calycinum;* Millière.

funerella. — *Symphytum officinale* ou autres Borraginées. — Selon Millière : *Lithospermum purpureo-cæruleum.* — Selon Stainton : *Pulmonaria saccharata;* juillet, août et septembre.

decemguttella. — *Lithospermum officinale;* vit isolée sous les feuilles ; septembre.

pyrausta. — *Thalictrum aquilegifolium;* juillet; Merrin.

EXŒRETIA

allisella. — *Artemisia vulgaris;* fin mai.

DEPRESSARIA

costosa. — Extrémités des pousses du *Spartium scoparium;* mai, juin.

flavella. — *Centaurea jacea, C. nigra;* prairies humides ; chenille noire ; se fait un tube avec les feuilles ; mai.

pallorella. — *Centaurea scabiosa;* se fait un tube avec les feuilles ; mai, juillet.

culcitella. — *Chrysanthemum corymbosum;* mai.

umbellana. — *Ulex europæus* et *U. nanus;* dans une toile tubuleuse ; juin ou juillet. — Les *Genista;* Millière.

assimilella. — *Spartium scoparium, Genista pilosa;* mars, avril, mai. — Chenille à la fin de l'hiver, dit de Peyerimhoff.

nanatella. — *Carlina vulgaris;* dans un tube de soie et de feuilles ; terrains incultes ; avril, mai.

putridella. — *Peucedanum officinale;* mai.

atomella. — *Genista tinctoria;* avril ou mai ; et aussi, dit Millière, *Calycotome spinosa.*

scopariella. — *Spartium scoparium;* avril, mai.

rutana. — *Ruta angustifolia;* se nourrit bien en captivité avec le *Ruta graveolens;* pendant l'hiver et au commencement du printemps ; mai et septembre.

arenella. — *Centaurea scabiosa, Sonchus carolina;* Zincken. — *Centaurea nigra, Carduus lanceolatus, Arctium lappa, Serratula;* juillet et août.

propinquella. — *Cirsium lanceolatum, Arctium lappa* et les Centau-
    rées ; roule les feuilles en tube ; milieu avril jusqu'au 25 mars.
    — En août ; DE PEYERIMHOFF.

subpropinquella. — *Centaurea cyanus ;* chenille sur les *Centaurea ;*
    FOUCARD. — *Cirsium lanceolatum, Onopordon acanthium ;*
    STAINTON. — Sa transformation a lieu à la mi-juin et juillet.

laterella. — *Centaurea cyanus ;* mai et juin ; FREY.

carduella. — *Cirsium lanceolatum, etc. ;* fin mai, commencement de
    juin.

zephyrella. — *Anthriscus vulgaris, Chærophyllum* et autres Ombelli-
    fères ; juin ; MERRIN.

silerella. — *Siler aquilegifolium ;* commencement de juin.

feruliphila. — *Ferula nodiflora, Seseli tortuosum ;* c'est à fin avril
    qu'il faut la rechercher ; MILLIÈRE. — *Heracleum fœniculum.*

yeatiana. — *Daucus carota ;* juin ; MERRIN.

ocellana. — *Betula alba, Salix caprea ;* se chrysalide fin août. — Dans
    les jeunes pousses de *Salix ;* en juin ; JOURDHEUILLE.

alstræmeriana. — *Conium maculatum ;* extrémités des feuilles liées
    ensemble ; fin juin, commencement juillet.

purpurea. — Dans les ombelles de *Daucus carota* et *Torilis anthriscus ;*
    s'y chrysalide ; août.

liturella. — *Hypericum perforatum* et *H. hirsutum ;* pousses termi-
    nales réunies en tête ; se transforme commencement de juin.

conterminella. — Pousses de *Salix ;* juin.

impurella. — Sur les *Vaccinium, Conium maculatum, Cicuta virosa ;*
    juillet.

applana. — *Cicuta major, Daucus carota, Ægopodium podagraria,*
    les *Chærophyllum bulbosum, sylvestre* et *temulum, Torilis
    anthriscus, Œnanthe crocata, Angelica sylvestris ;* en juin et
    septembre. — En juillet ; JOURDHEUILLE.

ciliella. — *Angelica sylvestris.*

cotoneastri. — *Cotoneaster ;* juillet.

capreolella. — *Daucus carota ;* juin.

rotundella. — *Daucus carota ;* mai ; MERRIN.

nodiflorella. — *Ferula nodiflora ;* lie les feuilles ténues ; arrivée à toute
    sa taille fin mars ou milieu avril ; MILLIÈRE.

angelicella. — Sommités de l'*Angelica sylvestris ;* a été observée sur
    l'*Heracleum sphondylium* et le *Sium angustifolium ;* fin mai,

commencement de juin. — *Ægopodium podagraria ;* JOUR-
DHEUILLE.

cnicella. — *Eryngium campestre ;* sommités ramassées et décolorées ;
en petite société ; mai.

sarracenella. — *Senecio sarracenicus ;* plie les feuilles sur leur longueur ;
juin.

parilella. — *Peucedanum oreoselinum* et *P. cervaria ;* bois, feuilles
tordues et attachées ensemble ; juin.

hippomarathri. — *Seseli hippomarathrum ;* avril, mai.

ferulæ. — Feuilles réunies en paquet de *Ferula nodiflora ;* février
jusqu'en mars ; doit éclore en janvier.

furvella. — *Dictamnus fraxinella ;* feuilles attachées ; mai, juin. —
Dictamnus albus ; JOURDHEUILLE.

depressella. — Fleurs et capsules des graines de *Daucus carota, Pastinaca sativa, Pimpinella saxifraga, Peucedanum oreoseli-
num ;* juillet et août.

pinpinellæ. — Ombelles du *Pimpinella saxifraga ;* août et septembre.

libanotidella. — *Athamanta libanotis ;* la variété se prend sur le *Laser-
pitium hirsutum ;* juillet et août.

badiella. — Fleurs du *Pastinaca sativa ;* en juillet.

heracliana. — *Heracleum sphondylium ;* ombelles ; sur les graines
vertes ; se chrysalide fin juin, commencement juillet. — Août ;
JOURDHEUILLE.

emeritella. — *Tanacetum vulgare ;* feuilles attachées ensemble ; fin juin,
commencement juillet.

Hoffmanni. — *Athamanta libanotis ;* pentes arides ; sur les feuilles contournées ; mai.

olerella. — Pousses de l'*Achillea millefolium ;* fin juin, commencement
juillet.

albipunctella. — *Anthriscus sylvestris ;* juin et juillet, feuilles enrou-
lées en forme de tube à leurs extrémités.

Weirella. — *Anthriscus sylvestris ;* mai et juin ; MERRIN.

pulcherrimella. — *Bunium flexuosum, Pimpinella ;* juin.

Douglasella. — *Daucus carota ;* mai ; MERRIN.

ululana. — *Jurinea cyanoides, Carum bulbocastanum*, ombelles ;
commencement juillet. — Mai ; JOURDHEUILLE.

chærophylli. — *Chærophyllum temulum* et *C. bulbosum*, ombelles ; juin
et juillet.

absinthiella. — *Artemisia absinthium ;* juin.

artemisiæ. — *Artemisia campestris ;* fin mai, commencement de juin.

Heydenii. — *Heracleum austriacum,* ombelles ; juillet.

nervosa. — *Œnanthe crocata ;* lieux marécageux ; en société sur les sommets ; juin.

ultimella. — *Pastinaca sativa ;* juin ; MERRIN.

dictamnella. — *Dictamnus albus ;* en juin.

PSORICOPTERA

gibbosella. — *Quercus robur* et *Salix ;* bord de la feuille roulée ; juin.

GELECHIA

pinguinella. — *Populus fastigiata* et *P. tremula, Salix ;* mai, juin ; bord des feuilles, réuni par de la soie sur toute leur longueur.

nigra. — Feuilles roulées de *Populus* et de *Salix ;* mai.

muscosella. — Feuilles roulées de *Populus* et de *Salix ;* mai.

cuneatella. — *Salix ;* juillet ; MERRIN.

rhombella. — *Pyrus malus* et *P. communis ;* sur les écorces ; se chrysa‑ salide en mai.

hippophaella. — *Hippophae rhamnoides ;* pousses terminales ; juillet.

sororculella. — Entre les feuilles de *Salix ;* juin.

flavicomella. — *Prunus spinosa,* dans un abri de feuilles desséchées ; septembre et octobre. — Mai et septembre ; JOURDHEUILLE.

velocella. — *Rumex acetosella ;* racines ; avril ; MERRIN.

peliella. — *Rumex acetosella ;* endroits sablonneux ; feuilles liées à la tige ; fin mai.

ericetella. — *Calluna vulgaris, Erica tetralix, E. cinerea ;* entre les rameaux qu'elle réunit. — Dans un tuyau de soie sur les ra‑ meaux ; octobre ; JOURDHEUILLE. — En automne ou au printemps. — De septembre en mars ; MERRIN

infernalis. — Lie les feuilles radicales de l'*Inula helenium ;* février ; MILLIÈRE.

lentiginosella. — *Genista tinctoria* et *G. germanica ;* fin mai, juin. — Pousses de *Cytisus sagittalis ;* JOURDHEUILLE.

plutelliformis. — *Tamarix gallica ;* sur les feuilles ; en automne.

mulinella. — *Ulex europæus, Spartium scoparium ;* dans les fleurs ; trou rond au pétale postérieur ; avril, mai.

malvella. — Intérieur des semences de l'*Althæa rosea* et des *Malva;* juillet et septembre.

longicornis. — *Erica cinerea ;* juillet ? MERRIN.

diffinis. — Tiges et graines de *Rumex acetosa;* coteaux arides; juin.

electella. — *Pinus abies ;* mai ; FREY.

scalella. — *Quercus robur.*

oxycedrella. — Ronge les fruits du *Juniperus oxycedrus ;* a tout son développement en mars ou avril ; MILLIÈRE.

lugubrella. — Doit vivre, selon MILLIÈRE, sur plusieurs espèces de Légumineuses; a été élevée sur les *Dorycnium.*

maculatella. — *Coronilla varia;* dans les feuilles ; bois exposés au soleil ; fin mai, commencement de juin.

BRACHMIA

mouffetella. — *Lonicera periclymenum* et *L. xylosteum, Symphoria racemosa ;* fin mai, commencement juin. — Avril; MERRIN.

ulicinella. — *Ulex parviflorus ;* éclôt en décembre; a achevé de croître à la fin de janvier ; se chrysalide en terre, et aussi sur l'*Ulex provincialis.* — Sur les fleurs ; MILLIÈRE.

nigricostella. — *Medicago sativa ;* feuilles attachées; septembre. — Juin, septembre ; MERRIN.

lathyri. — *Lathyrus palustris;* feuilles rongées vers le pétiole; toile de soie blanche entourant la chenille ; août et septembre.

BRYOTROPHA

figulella. — *Silene nicæensis ;* février ; MILLIÈRE.

affinis. — Vit de Mousses; il faut chercher la chenille par la pluie ou la rosée ; janvier, février et mars; suivant d'autres auteurs, avril, mai.

domestica. — Vit de Mousses *(Barbula muralis),* sur les murailles ; mars, avril.

basaltinella. — Mousses ; mai ? MERRIN.

LITA

psilella. — Jeunes pousses d'*Artemisia campestris* qui jaunissent au sommet ; en mai.

solanella. — *Solanum tuberosum;* dans le tubercule.

epithymella. — *Solanum nigrum*, dont elle lie les feuilles ; fin septembre, octobre.

artemisiella. — *Thymus serpyllum ;* STAINTON ; fin mai, commencement de juin.

atriplicella. — Semences de *Chenopodium album ;* dans un tube de soie, le long des murs et dans les jardins ; mai et juin.

ocellatella. — Fleurs ; *Beta maritima ;* mai, juin.

instabilella. — *Plantago maritima ;* avril.

salinella. — La chenille se nourrit de Salsolées ; en hiver ; MILLIÈRE.

halimella. — *Atriplex halimus, Salsola ;* MARTORELL ; atteint toute sa croissance commencement février ; lie les feuilles en mars et avril ; MILLIÈRE.

obsoletella. — Dans la moelle des tiges de *Chenopodium* et *Atriplex ;* lieux abrités ; juin, juillet et août.

acuminatella. — *Carduus nutans, Cirsium lanceolatum, C. palustre, Centaurea scabiosa ;* mine les feuilles et en sort pour se chrysalider ; juillet, septembre.

Æthiops. — *Erica cinerea ;* entre les rameaux ; lieux humides ; commencement de juillet.

Brahmiella. — Extrémités des pousses de *Jurinea cyanoides* qui blanchissent au sommet ; mai, octobre. — *Jurinea pyrenaica ;* MIL.

Hubneri. — Pousses réunies de *Stellaria holostea ;* juin.

Knaggsiella. — Capsules des graines de *Stellaria holostea ;* juin ; MERRIN.

maculea. — *Stellaria holostea ;* endroits abrités ; pousses terminales flétries ; fin mai.

fraternella. — *Stellaria uliginosa*, quelquefois sur les pousses du *Cerastium vulgatum ;* avril, mai.

viscariella. — *Lychnis dioica* et *L. viscaria ;* pousses contournées et plissées ; commencement de mai.

tricolorella. — *Stellaria holostea ;* endroits abrités ; mars et avril.

costella. — *Solanum dulcamara ;* plaques brunâtres, sur les feuilles un peu plissées, attaquant même les baies et l'intérieur de la tige ; fin août, commencement septembre.

hyoscyamella. — *Hyosciamus albus ;* MILLIÈRE ; la chenille, mine et contourne les feuilles ; avril.

maculiferella. — *Cerastium semidecandrum ;* feuilles réunies ; commencement de mai.

jonctella. — La chenille enfoncée dans le sable vit de racines; février et mars ; MILLIÈRE.

marmorea. — *Cerastium vulgatum ;* dunes ; fin mars, commencement avril. — Juin ; JOURDHEUILLE.

provincialis. — *Silene nicæensis ;* MILLIÈRE.

vicinella. — ? *Coronilla emerus ;* juin ; ANN. SOC. ENT. DE FRANCE.

Fischerella. — *Saponaria officinalis ;* pousses déformées ; milieu de mai.

cauligenella. — *Silene nutans*, dans une boursoufflure qu'elle produit à l'intérieur des tiges; mi-juin.

gypsophilæ. — Galles du *Gypsophila saxifraga*.

leucomelanella. — *Silene maritima*, sur les côtes ; dans les pousses flétries ; fin mai.

Tischeriella. — Entre deux feuilles pliées de *Silene nutans ;* mai.

TELEIA

vulgella.— *Cratægus oxyacantha, Prunus domestica ;* feuilles tendres attachées ensemble ; avril, mai.

scriptella. — *Acer campestre ;* fin août, septembre.

tamariciella. — *Tamarix gallica ;* octobre. — En juin, puis en septembre ; MILLIÈRE.

sequax. — *Helianthemum vulgare ;* pousses réunies ; fin mai, commencement de juin.

cisti. — Mai ; MILLIÈRE.

fugitivella. — *Corylus avellana, Acer campestre, Ulmus campestris ;* commencement de mai ; FREY.

proximella. — *Betula alba ;* feuilles roulées; septembre et octobre. — Mai, octobre ; JOURDHEUILLE.

notatella. — *Salix caprea ;* feuilles attachées; septembre.

triparella. — *Quercus robur ;* dans un tissu entre les feuilles appliquées l'une sur l'autre ; fin juillet, mi-septembre, octobre.

luculella. — Dans le bois pourri ; février, mars ; MERRIN.

dodecella. — Dans les jeunes pousses de *Pinus sylvestris ;* avril, mai ; STAINTON.

unedella. — Vit dans les toiles de *Liparis chrysorrhæa ;* MILLIÈRE.

RECURVARIA

leucatella.— *Cratægus oxyacantha, Sorbus aucuparia, Pyrus malus; Prunus spinosa ;* fin mai, commencement de juin.

nanella. — Dans les fleurs de *Pyrus communis ;* avril, mai. — *Sorbus* et autres arbres fruitiers, ajoute MILLIÈRE.

ARGYRITIS

pictella. — *Cerastium triviale ;* mai.

NANNODIA

stipella. — *Chenopodium album, Atriplex ;* dans les feuilles ; juin, septembre et octobre.

Hermannella. — *Chenopodium Bonus-Henricus* et *Atriplex ;* juillet, août, septembre et octobre.

APODIA

bifractella. — *Conyza squarrosa, Inula dysenterica ;* se nourrit de graines ; octobre, novembre et décembre, jusqu'en janvier et février. — D'octobre à mars ; MERRIN.

SITOTROGA

cerealella. — Froment, Orge, Seigle ; d'octobre à mars ; MERRIN.

PTOCHENUSA

subocellea. — Sommités desséchées de l'*Origanum vulgare ;* dans un fourreau ; août, septembre, jusqu'en janvier et février. — *Saturreia montana ;* juin et septembre ; MILLIÈRE.

inopella. — *Inula dysenterica ;* chenille sur les fleurs ; on reconnaît sa présence aux fleurons qui s'élèvent au centre ; en août ; se chrysalide dans la fleur ou dans les graines. — *Helichrysum arenarium ;* juillet.

PARASIA

paucipunctella. — Dans les graines d'*Anthemis tinctoria* et *Centaurea paniculata ;* janvier et février.

lappella. — Dans les semences d'*Arctium lappa ;* janvier et février.

carlinella. — Réceptacles du *Carlina vulgaris ;* passe l'hiver, se transforme en juin et juillet. — D'après JOURDHEUILLE, se transforme en mars. — *Centaurea nigra* et réceptacles des Chardons ; MERRIN.

Metzneriella. — Semences des *Centaurea nigra, C. scabiosa;* janvier·
et février. — D'octobre à mars ; MERRIN.

neuropterella. — Dans les têtes de *Cirsium acaule;* s'y chrysalide en
juillet; peut se récolter en janvier et février. — Avril; MERRIN.

CHELARIA

Hübnerella. — *Corylus avellana. — Betula alba, Fraxinus excelsior;*
endroits ombragés ; juin ; JOURDHEUILLE.

ERGATIS

brizella. — *Statice armeria;* dans la tige, sous le réceptacle; septembre
et octobre, jusqu'en janvier et février, puis fin juin et juillet.

subdecurtella. — *Lythrum salicaria;* juin ; MERRIN.

ericinella. — *Erica vulgaris;* dans une toile légère; depuis la mi-juin
jusqu'en juillet.

staticella. — Vit au printemps, après avoir passé l'hiver sur le *Statice
cordata;* se transforme fin mai ; MILLIÈRE.

DORYPHORA

pulveratella. — Dans les Luzernes ; fin de septembre ; DE PEYERIMHOFF.

morosa. — Pousses attachées de *Lysimachia vulgaris;* passe l'hiver ;
se prend en mai.

farinosæ. — *Primula farinosa;* plaques pâles à la face supérieure des
feuilles, d'autres feuilles sont pliées en deux ; commencement de
mai.

arundinetella. — *Carex riparia;* se trouve rarement sur le *Carex paludosa;* galeries sur les feuilles; fin mars, avril. — Dans les
feuilles de *Carex;* juillet ; JOURDHEUILLE.

MONOCHROA

tenebrella. — Racines et tiges de *Rumex acetosella;* avril ; MERRIN.

LAMPROTES

atrella. — Tiges d'*Hypericum;* mai, juin ; MERRIN.

rhenanella. — Sous les feuilles de *Convolvulus sepium* qui paraissent
desséchées ; juillet.

ANACAMPSIS

patruella. — Lie les feuilles et les fleurs de l'*Helianthemum guttatum;*
MILLIÈRE.

sircomella. — *Cerastium vulgatum;* juin? MERRIN.

coronillella. — *Coronilla varia, Genista tinctoria,* peut-être *Onobry-chis sativa;* commencement de mai.

biguttella. — Pousses de *Genista tinctoria* et de *Medicago sativa;* juin.
— Feuilles réunies; octobre; JOURDHEUILLE. — *Dorycnium
suffruticosum;* mars; MILLIÈRE.

sangiella. — *Lotus corniculatus;* mai; MERRIN.

anthyllidella. — *Anthyllis vulneraria, Onobrychis sativa, Trifolium
pratense, Lathyrus;* avril, mai et juillet. — Sur les *Lotus,*
dont elle blanchit les feuilles après les avoir liées; MILLIÈRE.

psoralella. — *Psoralea bituminosa;* mine les feuilles de plusieurs
plantes herbacées, éclôt fin octobre, a toute sa grosseur fin février. — Mars et avril; MILLIÈRE.

albipalpella. — *Genista anglica;* prairies sylvatiques; juin.

ligulella. — *Lotus corniculatus;* mai.

vorticella. — *Lotus corniculatus, Genista;* mai.

tæniolella. — *Lotus corniculatus, Trifolium filiforme, Medicago minima, etc.;* fin mai, commencement de juin.

lamprostoma. — *Convolvulus arvensis?* MARTORELL.

ACANTHOPHILA

alacella. — Lichens des arbres; juin; MERRIN.

TACHYPTILIA

populella. — *Populus tremula, Betula alba, Salix* et *Populus;* mai.

scintillella. — *Helianthemum vulgare;* pousses attachées; mai, juin.

temerella. — *Salix caprea, Salix fusca;* jeunes feuilles liées ensemble; mai, juin.

subsequella. — Pousses de *Prunus spinosa;* mai.

BRACHYCROSSATA

antirrhinella. — *Antirrhinum asarina* et *A. cymbalaria;* éclôt en
mars ou avril; se métamorphose fin mai; MILLIÈRE.

CERATOPHORA

lutatella. — Roule les Graminées en spirale ; avril.

triannulella. — Plie les bords des *Convolvulus ;* juin.

rufescens. — Différentes petites Graminées qu'elle roule en spirale ; talus herbeux ou le long d'un fossé ; avril, mai et juin.

RHINOSIA

ferrugella. — *Campanula persicifolia, Scabiosa columbaria ;* mai.

flavella. — Replie les feuilles des *Trifolium pratense* et *T. procumbens,* et du *Lotus corniculatus ;* RAGONOT.

CLEODORA

striatella.— Hiverne dans les tiges de *Tanacetum vulgare* et *Anthemis tinctoria ;* janvier et février.

anthemidella. — La chenille doit vivre sur les chardons sauvages ; MIL-LIÈRE.

Kefersteiniella. — *Carlina ;* MARTORELL.

MESOPHLEPS

corsicellus. — Abondante en hiver sur tous les *Cistus*, notamment le *C. salvifolius, Helianthemum italicum ;* ronge les graines sèches ; MILLIÈRE.

YPSOLOPHUS

renigerellus. — *Urtica.*

ustulellus. — *Betula alba ;* hiverne entre deux feuilles attachées ; JOUR-DHEUILLE. — *Corylus avellana, Carpinus betulus ;* septembre ; STAINTON. — Avril ; MERRIN.

fasciellus. — *Prunus spinosa ;* commencement de septembre. —*Rubus,* dont elle plie les feuilles ; octobre ; JOURDHEUILLE.

limosellus. — *Trifolium medium* et *T. pratense,* les *Lotus ;* commencement de juin.

Schmidiellus. — *Origanum vulgare ;* dans les feuilles pliées ; juin.

juniperellus. — *Juniperus communis ;* STAINTON ; juin.

marginellus — *Juniperus communis ;* STAINTON ; entre les aiguilles, dans une toile lâche ; juin. — *Juniperus oxycedrus ;* MILLIÈRE.

NOTHRIS

verbascella. — *Verbascum thapsus ;* en société dans une toile, dans les fleurs ; juillet et mars ; ces dernières passent l'hiver.

declaratella. — *Scrophularia canina ;* mai ; ROUAST. — *Scrophularia aquatica ;* MABILLE.

senticella. — *Juniperus phœnicea* et *J. oxycedrus ;* fin décembre et premiers jours de janvier ; MILLIÈRE.

sabinella. — *Juniperus sabina ;* juin ; FREY.

SOPHRONIA

humerella. — *Artemisia campestris ;* mai ; MERRIN.

ANARSIA

spartiella. — *Ulex europæus, Genista ;* feuilles roulées et pousses brunies ; mai.

lineatella. — Dans les jeunes pousses des arbres fruitiers à noyau, surtout les Pêchers ; l'extrémité des tiges se flétrit ; mai.

EPIDOLA

barcinonella. — Se nourrit de Graminées, et, suivant MARTORELL, *Scabiosa ;* a toute sa taille pendant le mois de mai.

PLEUROTA

aristella. — Chenille polyphage, ronge la base des plantes herbacées, se transforme dans les feuilles sèches ; avril ; MILLIÈRE.

bicostella. — *Erica cinerea ;* de novembre à avril, mai ; MERRIN.

APLOTA

palpella. — Bois pourri et Lichens des arbres ; mai.

HYPERCALLIA

citrinalis. — *Polygala chamæbuxus, etc. ;* lie ensemble plusieurs feuilles terminales, se fixe au-dessus des feuilles pour se chrysalider ; mai.

CARCINA

quercana. — *Fagus sylvatica*, peut-être *Quercus robur*, *Pyrus malus*
et *P. communis ;* se change en chrysalide commencement de
juin. — *Arbutus unedo ;* MARTORELL. — STAINTON représente
cette larve sur le *Sorbus torminalis*. — MILLIÈRE dit que la
variété *purpurana* semble plutôt vivre sur l'*Arbutus unedo*.

ENICOSTOMA

lobella. — *Prunus spinosa ;* sous les feuilles des arbres fruitiers et
surtout sous celles du Pêcher cultivé en espalier ; septembre.

ANCHINIA

daphnella. — Sur les *Daphne ;* mai.
cristalis. — *Daphne mezereum ;* CATAL. DE VIENNE. — *Daphne cneo-
rum ;* mai ; HUBNER. — *Daphne gnidium ;* lie le sommet des
rameaux ; MILLIÉRE.
laureolella. — *Daphne gnidium ;* mai ; RAGONOT.

HARPELLA

forficella. — Sous l'écorce du *Betula alba*, *Alnus glutinosa*, *Corylus
avellana*, *Quercus robur*, tiges pourries du *Fagus sylvatica* et
des *Salix ;* commencement de février jusqu'en avril et mai.
Geoffrella. — Sous les écorces, dans les bois ; avril.
bractella. — Sous l'écorce du *Carpinus betulus ;* FABRICIUS. — Sous les
écorces malades des *Quercus robur*, *Fagus sylvatica*, *Populus ;*
avril ; JOURDHEUILLE. — Bois pourri ; MERRIN.

DASYCERA

sulphurella. — Sous l'écorce des arbres, ou celle qui reste sur les po-
teaux ; mars. — Bois pourri ; avril ; MERRIN.
oliviella. — Bois pourri.

ÆGOPHORA

tinctella. — Bois pourris, Lichens des arbres ; mai ; FREY.
unitella. — Sous l'écorce des arbres morts ; avril, mai.
flavifrontella. — *Fagus sylvatica*. — Selon JOURDHEUILLE, vit en avril

et mai, à la manière des *Adela*, dans un fourreau découpé dans une feuille, sous les feuilles sèches.

pseudospretella. — Pois secs et autres graines, etc.; janvier à avril ; Merrin.

stipella. — Sous l'écorce du *Pinus sylvestris ;* avril.

cinnamomea. — Sous l'écorce du *Pinus sylvestris ;* avril.

angustella. — Bois pourri de *Populus* et de *Pyrus malus ;* deuxième quinzaine de mai ; Frey.

minutella. — Semences de Céleri, dans les jardins ; octobre. — Mars ; Merrin.

lambdella. — *Carpinus betulus, Æsculus hippocastanum, Alnus campestris.*

Schæfferella. — Sous les écorces ; avril; Jourdheuille.

grandis* — Sous l'écorce des *Quercus* malades.

BLASTOBASIS

anthophaga. — Doit vivre, d'après Millière, sur l'*Osyris alba.*

GLYPHIPTERYX

thrasonella. — Tiges des Cypéracées ; mai.

Haworthana. — *Eriophorum angustifolium ;* fin mars, avril,

equitella. — *Sedum acre*, pousses ; fin mai.

schæmicolella. — *Schœnus nigricans*, têtes ; avril, mai.

Fischeriella. — *Dactylis glomerata*, têtes ; juillet.

GRACILARIA

alchimiella. — Mine les feuilles du *Quercus robur ;* feuilles roulées en cornet ; juillet et septembre. — Dans un cône formé par le bord plié de la feuille du *Quercus robur ;* août ; Jourdheuille.

flava. — Ronge les bouchons dans les caves.

stigmatella. — *Salix caprea, Populus, Salix ;* août, septembre et octobre. — Feuilles roulées ; juin, juillet; Jourdheuille.

bimidactylella. — *Acer pseudo-platanus ;* roule la feuille en dessous; juillet et août.

fidella. — Chenille sur l'*Humulus lupulus ;* dans les bois humides ; de Peyerimhoff.

falconipennella. — *Acer campestre*, *Alnus glutinosa*, feuilles roulées ; juillet ; Jourdheuille.

semifascia. — *Acer campestre ;* dans une partie de la feuille roulée en cornet ; juillet.

populetorum. — Feuilles roulées du *Betula alba ;* juillet.

elongella. — Vit entre les deux épidermes de l'*Alnus glutinosa ;* feuilles roulées en long ; deux générations ; mai, juillet.

juglandella. — La chenille dévaste les feuilles de *Juglans regia ;* au printemps, les roule en cornet ; Millière.

rufipennella. — Dans une feuille roulée d'*Acer pseudo-platanus ;* août ; Henrich Frey.

tringipennella. — *Plantago lanceolata ;* feuilles plissées ; épiderme de la face supérieure détaché et d'un brun pâle ; mars, avril et fin juin, commencement juillet, octobre ; se transforme dans la mine ; Jourdheuille.

limosella. — *Teucrium chamædrys ;* feuilles boursouflées ; se métamorphose en dehors ; fin juillet et fin septembre. — Août et septembre ; Jourdheuille.

roscipennella. — *Chenopodium ;* feuilles roulées ; août.

syringella. — *Syringa vulgaris*, *Ligustrum vulgare*, *Fraxinus excelsior ;* jardins ; se métamorphose en dehors de la feuille ; juin et août, septembre. — Juin, juillet, août ; Jourdheuille.

phasianipennella. — Les *Polygonum hydropiper* et *persicaria*, les *Rumex acetosella* et *obtusifolius*, *Lythrum salicaria ;* Ragonot. — Dans les feuilles ; la chenille se découpe une lanière qu'elle roule en cornet sous le reste de la feuille ; août et septembre.

auroguttella. — Dans les feuilles d'*Hypericum* roulées en cornet ; septembre ; Jourdheuille. — Avril ; Merrin. — Selon d'autres auteurs, sur les *Hypericum perforatum* et *pulchrum ;* fin juin et fin septembre, octobre.

omissella. — *Artemisia vulgaris*, feuille gonflée ; surface supérieure de la feuille jaunâtre et pommelée de taches blanches ; commencement juillet ou en septembre.

ononidis. — Feuilles de *Trifolium* et d'*Ononis ;* feuilles décolorées ; fin avril, commencement mai.

Hoffmanniella. — *Orobus niger ;* feuilles boursouflées, pommelées en dessous, dans les allées et sous les lisières des bois ; fin juillet, commencement août. — Septembre, octobre ; Jourdheuille.

imperialella. — *Symphytum officinale.*

pavoniella. — *Bellidiastrum Michelii;* août, septembre, octobre. — *Aster amellus*; JOURDHEUILLE.

Kollariella. — *Genista tinctoria, Spartium scoparium;* feuilles minées d'un gris jaunâtre; fin juin ou commencement octobre.

scalariella. — La chenille en hiver sur la plupart des Borraginées des terres incultes, principalement dans les feuilles d'*Echium vulgare;* s'y transforme; MILLIÈRE.

CORISCIUM

Brongniardellum. — Mine pâle dans les feuilles du *Quercus robur;* juin. — *Quercus coccifera;* mai; RAGONOT.

cuculipennellum. — Extrémité des feuilles du *Ligustrum vulgare,* et du Lilas ; juin. — Septembre; JOURDHEUILLE.

ORNIX

guttea. — *Pyrus malus;* dans les jardins; partie de la feuille repliée en dessous et attachée; juillet, août.

interruptella. — *Salix fusca.*

Pfaffenzelleri. — *Cotoneaster vulgaris.*

loganella. — *Betula alba;* août.

polygrammella. — *Betula nana.*

petiolella. — *Pyrus malus;* grandes plaques membraneuses très blanches; septembre, octobre.

fagivora. — *Fagus sylvatica, Carpinus betulus;* feuilles décolorées et brunâtres, bord plié en bas et attaché à la feuille ; septembre.

carpinella. — *Carpinus betulus;* RAGONOT.

anglicella. — *Cratægus oxyacantha;* une partie du sommet de la feuille repliée en dessous; juillet, août et septembre. — *Sorbus torminalis*; FLETCHE.

avellanella. — *Corylus avellana;* feuilles repliées en dessous; juillet, septembre et octobre.

finitimella. — *Prunus spinosa,* et, suivant le professeur FREY, *Corylus avellana;* septembre et octobre.

torquillella. — *Prunus spinosa;* feuilles roulées, bouts réunis, sommet décoloré; juillet et septembre.

scuticella. — *Sorbus aucuparia, S. aria;* bord replié, solidement attaché; août et septembre.

betulæ. — *Betula alba*, jeunes arbres; feuilles repliées en dessous et solidement attachées; juillet, septembre et octobre.

scutulatella. — *Betula alba;* septembre: MERRIN.

anguliferella. — *Pyrus communis.*

COLEOPHORA

juncicolella. — *Calluna vulgaris, Erica cinerea*, feuilles; le fourreau ressemble à une jeune pousse et s'attache à la tige; a tout son développement fin mars, commencement avril.

laricella. — *Larix europæa*, au milieu des jeunes pousses; les sommets des feuilles se flétrissent; passe l'hiver sans manger; a atteint tout son développement en avril ou mai.

badiipennella. — Fourreau très commun sur les feuilles et sur le tronc d'*Ulmus campestris;* FOUCARD.

milvipennis. — Fourreau aplati en forme de couteau, sur les feuilles de *Betula alba;* mai, octobre.

limosipennella. — *Ulmus campestris;* fourreau dentelé, taches d'un jaune brun; en juillet, elle cesse de manger et ne se chrysalide qu'en avril.

ochripennella. — *Ballota nigra;* mai. — Fourreau droit, étroit, duveteux, brun grisâtre, plus large antérieurement que postérieurement. — JOURDHEUILLE ajoute *Stachys sylvatica, Lamium album* et *L. purpureum;* taches d'un brun blanchâtre; juillet.

cornuta. — Fourreau sur le *Betula alba*, et en octobre sur le *Rhamnus frangula;* FOUCARD.

lithargyrinella. — *Salix caprea;* mai.

olivaceella. — *Stellaria holostea, Cerastium arvense;* mai et juin.

solitariella. — *Stellaria holostea;* taches blanches très apparentes; a toute sa taille fin mai, commencement de juin; passe l'hiver.

flavipennella. — *Salix;* mai et juin.

lutipennella. — Fourreau jaune clair, sur le *quercus robur;* mai.

fuscedinella. — Plantations d'*Alnus* et dans les jardins fruitiers; mai — Selon d'autres auteurs, vit aussi sur le *Fagus sylvatica, Betula alba, Cratægus oxyacantha.*

Binderella. — Feuilles d'*Alnus;* fourreau en mai; SOC. ENT. FRANCE. — *Rosa;* BRUAND.

idæella. — Feuilles de l'Airelle rouge.

viminetella. — *Salix caprea* et *S. viminalis;* fourreau de couleurs diverses, construit de morceaux successivement ajoutés, bout anal brun, bout antérieur vert assez pâle; mai.

glitzella. — Feuilles de l'Airelle rouge; fin avril.

vacciniella. — Sur les fruits murs du *Vaccinium myrtillus;* juillet; JOURDHEUILLE.

vitisella. — *Vaccinium vitis-idæa;* sur la feuille; fourreau noirâtre en pistolet, surface extérieure ridée d'une manière bizarre; a tout son développement vers la fin d'avril.

orbitella. — Plantations d'*Alnus* et dans les jardins fruitiers; mai et juin.

siccifolia. — *Cratægus oxyacantha, Pyrus malus, Betula alba;* grandes taches brunes sur les feuilles; le fourreau ressemble à une feuille sèche; ordinairement sous la feuille; a toute sa taille au mois d'août, mais ne se chrysalide qu'au printemps suivant.

gryphipennella. — Rosier, Églantier; commence à manger en septembre et octobre, passe l'hiver sans manger, reprend de la nourriture et se chrysalide dès le premier printemps.

nigricella. — *Fagus sylvatica, Betula alba,* fourreau court, brun clair; mai et juin. — Sous les arbres fruitiers; Soc. ENT. FRANCE.

paripennella. — Feuilles du *Prunus spinosa, Corylus avellana, Pyrus malus, Cratægus oxyacantha , Cornus, Rubus et Rosa;* fourreau assez petit, orné de plusieurs rides formées de morceaux de l'épiderme de la feuille; octobre, passe l'hiver, se chrysalide en mai; il faut la chercher en septembre et octobre.

ledi. — *Viburnum lantana* et *V. opulus, Tilia europæa, Ledum palustre, Cornus, Rhamnus;* fourreau cylindrique, un peu courbé antérieurement, dont les côtés sont fort ridés et dont le dos est quelquefois muni de plusieurs protubérances; août et septembre. — Fourreau sur *Betula alba,* haies de *Cratægus oxyacantha;* trouvé également sur *Rosa ;* FOUCARD.

albitarcella. — *Glechoma hederacea, Origanum vulgare ;* avril et mai.

fuscocuprella. — *Corylus, Ulmus campestris, Alnus glutinosa, Betula alba;* septembre à mai; MERRIN.

alcyonipennella. — Les *Centaurea nigra, jacea* et *scabiosa ;* fourreau court, cylindrique, d'un brun noirâtre avec une strie oblique, blanchâtre de chaque côté; mai, après avoir passé l'hiver. — Septembre; JOURDHEUILLE.

melilotella. — *Melilotus officinalis ;* août.

deauratella. — *Centaurea jacea ;* mai.

chalcogrammella. — *Cerastium arvense ;* fourreau brun orangé obscur ; un quart de pouce de long ; octobre, avril ou mai.

hemerobiella. — Arbres fruitiers ; *Pyrus communis, P. malus, Cerasus vulgaris ;* fourreau brun, raide, d'un demi-pouce de long, bien plus grand que celui du *C. nigricella ;* passe l'hiver, arrive à toute sa taille fin mai, commencement de juin.

anatipennella. — *Prunus cerasus* et *P. spinosa, Betula alba, Fagus sylvatica, Quercus robur, Salix, Cratægus oxyacantha, Tilia europæa ;* fourreau en statices perpendiculaires ; mai et commencement de juin.

ibipennella. — *Betula alba ;* fourreau noir en crosse horizontale, sans appendice ; mai.

palliatella. — *Quercus robur ;* commencement de juin. — *Betula alba, Corylus avellana, Carpinus betulus ;* Foucard.

currucipennella. — Feuilles du *Quercus robur, Carpinus betulus, Salix ;* perce la feuille en entier ; fourreau en forme de pistolet, avec des protubérances de chaque côté du dos ; fin mai, commencement de juin.

serratulella. — *Serratula mollis* et *S. cyanoides ;* fourreau cylindrique, derrière, long d'un demi-pouce, d'un brun ocracé en dessus aplati, avec une strie blanchâtre en dessous ; mai, juin.

auricella. — *Stachys recta, Betonica officinalis, Teucrium scorodonia ;* fourreau ocracé, assez gros en forme de sac, d'un aspect assez informe ; mai.

virgatella. — *Salvia pratensis ;* fourreau presque aplati latéralement, à peu près circulaire, et ressemblant beaucoup à un morceau de feuille flétrie ; mai ou juin.

serenella. — *Astragalus glycyphyllos*, dans les bois, *Colutea arborescens*, dans les jardins ; fourreau blanchâtre, courbé ; mai.

coronillæ. — Plusieurs plantes Légumineuses : *Coronilla varia, Lathyrus pratensis* et *L. sylvestris, Spartium scoparium, Astragalus glycyphyllos ;* sous les feuilles ; mai.

vulnerariæ. — La chenille, dit Millière, doit vivre sur les *Helianthemum*. Selon Fischer, le papillon ne vole que là où croît l'*Anthyllis*.

albicosta. — *Ulex europæus*, sur les gousses ; fourreau court, cylinrdrique, duveteux ; fin août, commencement de septembre, passe l'hiver, se chrysalide commencement de mai.

pyrrhulipennella. — *Calluna vulgaris, Erica cinerea;* sur les pousses terminales ; fourreau long, grêle, noir, luisant, aplati, un peu courbé ; avril et mai.

ditella. — *Artemisia campestris ;* fourreau noir, luisant, atténué aux deux bouts, mais beaucoup plus gros au milieu et avec une carène saillante en dessous ; automne et printemps.

vibicigerella. — *Artemisia campestris* et sur quelques autres plantes ; en automne ; passe l'hiver et arrive à toute sa taille en mai suivant.

gypsophilæ. — *Gypsophila fastigiata ;* difficile à élever ; septembre.

congeriella — En mars, sur le *Dorycnium suffruticosum;* MILLIÈRE.

binotapennella. — ? Mai.

ballotella. — *Teucrium scorodonia ;* mai et juin. — Sur les plants de *Ballota nigra* qui poussent entourés d'arbres ; juillet, août ; JOURDHEUILLE.

Wockeella. — *Betonica officinalis, Stachys hirta, Ranunculus acris ;* mai ; fourreau long, aplati, assez raide, un peu courbé à son bout postérieur.

leucapennella. — *Silene nutans, Lychnis viscaria ;* emploie les capsules comme fourreau ; août.

saturatella. — *Genista scoparia ;* mai.

discordella. — *Lotus corniculatus ;* endroits abrités ; passe l'hiver, a acquis son complet développement avril, fin mai.

genistæ. — *Genista anglica,* bruyères marécageuses où elle forme des taches d'un vert blanchâtre ; avril, mai.

bilinæatella. — *Sarothamnus scoparius ;* mai.

onobrychiella. — *Genista tinctoria ;* mai.

niveicostella. — *Sarothamnus scoparius ;* mai, octobre. — Juin ; MERRIN.

albicostella. — *Potentilla cinerea ;* avril, septembre.

trifariella. — *Spartium scoparium, Genista pilosa, Cytisus capitatus;* fourreau presque aussi large que long, ressemblant à un paquet de feuilles sèches, les feuilles ne tenant sur le fourreau que d'un côté ; septembre.

conspicuella. — Les *Centaurea scabiosa, nigra* et *jacca;* fourreau noir, courbé, plus large et plus grand que celui d'*Alcyonipennella ;*

passe l'hiver, mange de nouveau au printemps et n'atteint son développement que fin mai, commencement de juin. — JOURDHEUILLE
indique septembre.

spumosella. — La chenille ronge, au printemps, le parenchyme des
feuilles de *Dorycnium suffruticosum ;* le fourreau est relative-
ment grand, festonné sur la carène et d'un blanc pur; MILLIÈRE.

cælebipennella. — *Artemisia campestris* et *A. vulgaris ;* endroits sablonneux ; fourreau noir, luisant, très large, assez plat ; se trouve
aussi sur le *Gnaphalium arvense ;* mai. — Selon MILLIÈRE, la
chenille se trouve en mars sur l'*Helichrysum angustifolium.*

Lugduniella. — Les *Vicia cracca* et *sepium ;* fourreau noirâtre, en pistolet, à grandes oreilles, lâches, grisâtres de chaque côté; fin mai,
commencement de juin.

vibicella. — *Genista tinctoria* et *G. sagittata ;* bois bien abrités ; fourreau noir, luisant, a l'aspect d'un légume ; mai et juin.

lixella. — Graminées des pentes arides des terrains crétacés ; fourreau
blanchâtre ; avril et mai. — Dans son jeune âge, sur le *Thymus
serpyllum.* — *Holcus lanatus ;* STAINTON.

ornatipennella. — Mine les feuilles de plusieurs Graminées ; au printemps,
la chenille a acquis la moitié de son développement ; mai.

ochrea. — *Helianthemum vulgare ;* fourreau ocracé, duveteux, d'un
pouce de long.; octobre et mai, endroits secs, rocailleux.

helianthemella. — Mine les feuilles de l'*Helianthemum tuberaria.* —
H. guttatum ; MILLIÈRE ; parvenue à toute sa grosseur les premiers jours de mai.

Giraudi. — La chenille vit, au printemps, sur les *Dorycnium ;* la carène
du fourreau est festonnée ; RAGONOT, MILLIÈRE.

vulpecula. — La chenille vit, en mai, sur l'*Helichrysum italicum ?* dont
elle blanchit les feuilles en dessous; MILLIÈRE.

saponariella. — *Saponaria officinalis ;* septembre. — Très visible à
cause des taches blanches de la feuille ; hiverne ; ne mange plus
au printemps; août ; JOURDHEUILLE.

musculella. — *Dianthus superbus* et *D. carthusianorum ;* août; hiverne,
et en avril reprend une nouvelle nourriture.

onosmella. — *Echium vulgare ;* fourreau gris-blanchâtre, hérissé: se
chrysalide en mai et juin.

inflatæ. — *Silene inflata ;* fourreau cylindrique, blanc sur les côtés des
capsules ; août. — Avril ; MILLIÈRE.

chamædriella. — *Teucrium chamædrys ;* long fourreau brun, avec dentelures dirigées vers le bout; avril, mai.

therinella. — Sur les *Cirsium palustre* et *C. arvense;* prairies tourbeuses; septembre..

troglodytella. — *Eupatorium cannabinum, Tanacetum vulgare, Hieracium murorum, Achillea millefolium, Solidago virgaurea ;* mai et juin.

chrysanthemi. — *Chrysanthemum corymbosum.*

lineolea. — *Ballota nigra, Teucrium scorodonia, Stachys recta*, le long des haies; fourreau allongé taches brunes sous la feuille; a toute sa taille commencement de juin. — *Stachys sylvatica.*

calycotomella. — *Calycotome spinosa;* en hiver ; fourreau long, de forme aiguë à l'extrémité ; Millière.

nutantella. — Capsules des *Silene nutans* et *otites*, en dedans d'abord, puis en dehors; août, passe l'hiver, se chrysalide en mai et donne son papillon à la fin de juin.

lineariella. — *Aster amellus;* septembre et octobre.

pappiferella. — *G. naphalium dioicum*, sur les coques rouges; juin.

dianthi. — Sur les capsules de *Dianthus carthusianorum;* juillet; Jourdheuille.

succursella. — *Artemisia campestris;* juin.

silenella. — *Silene otites*, graines; septembre.

odorariella. — *Serratula cyanoides;* endroits abrités; fourreau brunâtre, droit, assez mince, avec des stries longitudinales plus pâles; mai ou juin.

millefolii. — *Achillea millefolium;* fourreau blanc, laineux, long de quatre à cinq lignes; fin mai, commencement de juin.

gnaphalii. — Feuilles intérieures du *Graphalium arenarium;* fourreau court, brun, un peu duveteux; mai et juin,

argentula. — Pied de l'*Achillea millefolium*, dans les fleurs flétries ; fourreau blanchâtre, cylindrique, assez court. — Sur les graines; Jourdheuille; septembre ou octobre, ne se chrysalide qu'au printemps suivant.

tanaceti. — *Tanacetum vulgare*, difficile à élever; s'échappe par les moindres fissures; juin.

granulatella. —Semences de l'*Artemisia vulgaris ;* septembre et octobre.

virgaureæ. — Semences du *Solidago virgaurea;* ne se nourrit que

jusqu'en septembre ou octobre ; passe l'hiver sans manger et se
chrysalide en mai suivant; fourreau ressemblant à de grandes
graines au milieu des soies de l'aigrette.

otitæ. — *Silene otites* et *S. nutans*, feuilles; surtout celles de la base;
taches d'un blanc verdâtre; mai.

laripennella. — *Chenopodium album*; fourreau formé de petites graines
attachées ensemble; septembre, octobre.

flavaginella. — *Chenopodium album*; fourreau formé de graines; septembre, octobre.

salinella. — *Atriplex patula*, sur les graines encore vertes; septembre,
octobre.

artemisicolella. — *Artemisia vulgaris*, fleurs desséchées; fourreau en
graines; septembre.

murinipennella. — Graines des *Luzula*. — *Luzula pilosa;* RAGONOT. —
Le fourreau ressemble à la graine de la plante; en juin, elle a
atteint tout son développement, mais ne se chrysalide qu'au
printemps suivant.

Cœspititiella. — Semences des *Juncus conglomeratus, effusus, glau-
cus* et *squarrosus* et *Luzula pilosa ;* four, cylindrique, ocracé,
blanchâtre ; passe l'hiver ; vers la fin de mai elle se change en
chrysalide. Août et septembre ; JOURDHEUILLE.

Wilkinsonella. — *Betula alba ;* août et septembre ; MERRIN. Est-ce une
nouvelle espèce ?

GONIODOMA

auroguttella. — Dans les tiges d'*Atriplex*, four. formé de capsules ;
janvier et février. Août en novembre pénètre dans la moelle ;
s'y transforme en juin ; JOURDHEUILLE.

CHAULIODUS

illigerellus. — *Ægopodium podagraria ;* dans les feuilles réunies ;
fin mai, commencement de juin.

daucellus. — *Daucus carota ;* janvier, février et mars ; lie les feuilles après les avoir dépouillées de leur parenchyme; DE PEYERIM-
HOFF.

chœrophyllellus. — *Chærophyllum sylvestre* et *anthriscus sylvestris*,

Heracleum sphondylium, Anglica sylvestris, Daucus carota ; feuilles roulées et ombelles ; juin, septembre ; JOURDHEUILLE.

Staintoniellus. — *Osyris alba ;* mai ; fleurs.

LAVERNA

idœi. — *Epilobium angustifolium.*

conturbatella. — *Epilobium spicatum.* ROSLERSTAMM ; sur l'*E. angusti-folium ;* STAINTON. — Selon M. JOURDHEUILLE : sur l'*Epilobium montanum ;* se métamorphose fin mai ; commencement de juin.

propinquella. — *Epilobium hirsutum ;* bords des ruisseaux ; commencement du printemps.

lacteella. — *Epilobium hirsutum ;* en août selon FREY.

miscella. — *Helianthemum vulgare ;* mai.

rhamniella. — *Rhamnus frangula* et *catharticus ;* fin mai.

fulvescens. — *Epilobium hirsutum ;* depuis juin jusqu'en août. Juin, septembre ; JOURDHEUILLE.

ochraceella. — Lie le sommet des jeunes tiges, *Epilobium hirsutum ;* mai.

Raschkiella. — *Epilobium angustifolium ;* mine les feuilles, dans les clairières humides ; juin, octobre.

Schranckella. — *Epilobium alsinifolium* et *parviflorum ;* dans les feuilles ; juillet. Avril, mai, juillet ; MERRIN.

decorella. — Les *Epilobium montanum, parviflorum, palustre, hirsutum, alpinum ;* juin, juillet et août ; *Epilobium tetragonum ;* JOURDHEUILLE.

subbistrigella. — *Epilobium montanum ;* juin, juillet et août ; et aussi l'*E. palustre,* dans les siliques ; MILL.

Bellerella. — Baies du *Cratœgus oxyacantha* et fruits de *Prunus spinosa ;* février ; MERRIN.

vinolentella. — *Pyrus malus.*

vanella. — *Tamarix germanica ;* sur les fleurs en été ; MILLIÈRE.

epilobiella. — *Epilobium hirsutum, Circœa lutetiana ;* feuilles terminales ; juin, juillet. *Epilobium montanum ;* dans les capsules, et mine blanchâtre sur les feuilles ; JOURDHEUILLE.

phragmitella. — *Typha latifolia ;* en société ; fin de l'hiver ; commencement du printemps.

CHRYSOCLISTA

Linneella. — Dans l'aubier des arbres malades ; janvier et février ; Jourdheuille. — Sous l'écorce du *Tilia intermedia ;* avril ; Merrin.

terminella. — *Circæa lutetiana ;* mines spirales ; mi-septembre.

aurifrontella. — Dans les rejetons du *Cratægus oxyacantha ;* septembre à mars ; Merrin.

ŒCHMIA

dentella. — Têtes de *Chærophyllum* et *angelica sylvestris ;* juillet ; Merrin.

TINAGMA

Herrichiellum. — *Lonicera periclymenum ;* mine les feuilles ; juillet et août ; *Lonicera xylosteum ;* Jourdheuille.

transversellum. — Les *Thymus* fleuris doivent nourrir la chenille ; Millière.

DOUGLASIA

ocnerostomella. — Tiges d'*Echium vulgare ;* avril ; Merrin.

PERITTIA

obscurepunctella. — *Lonicera peryclimenum ;* juillet ; Merrin.

HEYDENIA

profugella. — Graines des *Gentiana ;* septembre.

fulvigutella. — *Angelica sylvestris ;* septembre ; Merrin.

ASYCHNA

modestella. — Graines de *Stellaria holostea ;* juin ; Merrin.

œratella. — *Polygonum aviculare ;* dans des gales en forme de gousses ; sur les tiges ; parmi les semences ; automne ; depuis octobre à mars, avril ; Merrin.

OCHROMOLOPIS

ictella. — *Thesium montanum* et *pratense* ; dans les pousses réunies; mai.

STAGMATOPHORA

Dohrnii. — Chenille ronge les feuilles de *Betonica officinalis* ; MILLIÈRE.

Heydeniella. — Dans les feuilles de *Betonica officinalis* et sous l'épiderme *Stachys sylvatica* ; août.

pomposella. — Dans les feuilles d'*Helychrisium arenarium* ; s'y transforme dans une toile blanche ; mai.

Graborviella. — La chenille vit en mars et avril sur plusieurs espèces de *Labiées* notamment la *Lavandula stœchas* ; MILLIÈRE.

serratella. — Autour des racines de *Linaria genistifolia* ; janvier et février.

albiapicella. — La chenille ronge au premier printemps les fleurs de la *Globularia vulgaris* ; MILLIÈRE.

BUTALIS

argyrogrammos. — La chenille ronge les graines de *Carlina lanata* ; MILLIÈRE.

obscurella. — Sur le *Dorycnium* ; MARTORELL. — On trouve la chenille sur les Légumineuses herbacées ; MILLIÈRE.

grandipennis. — *Ulex europæus, cytisus sagittalis* ; dans une toile très visible ; janvier, février, mars, avril, suivant les auteurs.

fuscocœnea. — Sur l'*Helianthemum vulgare* ; juin ; avril ; MERRIN.

senescens. — *Thymus serpyllum* ; mai ; MERRIN. — On trouve la chenille en hiver sur les *Cistus*, notamment le *Monspeliensis* ; MILLIÈRE.

dorycniella. — *Dorycnum suffruticosum, Coronilla mimina* ; subit sa métamorphose en mai ; MILLIÈRE.

Knochella. — *Cerastium semidecandrum* ; sous une grande toile mince ; près des racines ; juin.

cistorum. — Ronge en hiver et au printemps les feuilles du *Cistus salviæfolius* ; MILLIÈRE.

chenopodiella. — *Chenopodium* ; sur les pousses et les fleurs qu'elle couvre de soie, depuis octobre jusqu'en janvier et février. — *Chenopodium* et *Atriplex* ; avril ; MERRIN.

dissimilella. — La chenille lie au printemps les feuilles de l'*Helianthe-mum guttatum*, et du *Cistus salvifolius* ; MILLIÈRE.

inspersella. — *Epilobium montanum* ; sur les fleurs entre les feuilles; en société, dans une toile blanche ; juin.

heleniella. — Sur l'*Inula helenium*; en juin ; MILLIÈRE.

insulella. — *Epilobium ;* juin, juillet.

cicadella. — *Scleranthus communis* et *perennis ;* dans des tubes de soie, dévore les feuilles radicales; mai.

BRYOPHAGA

acanthella. — Lichen des murailles commencement de juin ; sous double et triple toile ; ROUAST.

AMPHISBATIS

incongruella. — *Erica* et *Calluma* ; septembre ; MERRIN.

PANCALIA

Leuwenhœkella. — Entre l'écorce des mézères ; janvier et février.

ENDROSIS

lacteella. — Champignons du *Betula alba*, et d'autres arbres, ainsi que dans le bois pourri et même dit on de substances très diverses ; tout l'été et une grande partie de l'automne ; juillet ; JOUR-DHEUILLE.

SCHRECKENSTEINIA

festaliella. — Sous les feuilles de *Rubus*, endroits ombragés des bois ; septembre.

HELIODINES

Roesella. — *Chenopodium Bonus-Henricus;* se chrysalide en juillet, sous une toile légère, sur l'épinard des jardins : JOURDHEUILLE.

STATHMOPODA

pedella.— *Alnus glutinosa ;* fruits ; fin septembre.

Guerinii. — *Pistacia terebinthus ;* septembre et octobre.

COSMOPTERYX

lienigiella. — *Arundo phragmites ;* feuilles; mines, longues et plates ; septembre.

scribaiella. — *Arundo phragmites ;* Ragonot.

Schmidiella. — *Vicia sepium ;* août, septembre; dans les feuilles. — Juillet, août ; Jourdheuille.

eximia. — *Humulus lupulus ;* en août ; mine en hieroglyphe sur une nervure ; Ragonot.

orichalcea — *Festuca arundinacea ;* août, septembre.

Druryella-Hierochloæ. — Août, septembre ; Merrin. — *Hierochloa australis ;* Ragonot.

BATRACHEDRA

præangusta. — Dans les chatons tombés de *Populus* et de *Salix*; avril. — Entre les feuilles de *Populus* et de *Salix* ; Jourdheuille. — Juin ; Merrin.

ANTISPILA

Pfeifferella. — *Cornus sanguinea ;* juin, juillet et août ; mine ovale sur les feuilles de *Cornus.* — Septembre ; Jourdheuille.

Treetschkiella. — *Cornus sanguinea ;* passe l'hiver avant de se chrysalider ; juin, milieu de juillet, jusqu'en octobre ; Ann. Société entom. France.

Rivillei. — *Vitis vinifera ;* juillet.

HELIOZELA

sericiella. — *Quercus robur* et *Q. pedunculata ;* août. — *Corylus avellana ;* Merrin.

stannella. — *Quercus robur* et *Q. pedunculata ;* septembre ; Merrin.

resplendella. — Feuilles d'*Alnus glutinosa ;* mine ovale près du pétiole; juillet, août et septembre.

STEPHENSIA

brunnichiella. — *Chenopodium vulgare ;* mine les feuilles, les brunit et les dessèche ; se chrysalide sous une autre feuille; août. — Avril, juillet ; Merrin.

ELACHISTA

quadrella. — *Luzula pilosa ;* endroits ombragés ; mai.

trapeziella. — *Luzula pilosa ;* d'octobre à mars. — Avril ; Merrin.

tetragonella. — *Carex montana ;* bois montueux ; fin avril jusqu'à fin mai.

magnificella. — *Luzula pilosa ;* mine à la manière des *Lithocolletis,* la face supérieure de la feuille ; avril.

gleichenella. — Quelques *Carex* à feuilles étroites ; affectionne surtout le *Carex stellulata* ; passe l'hiver ; arrive à toute sa taille, en mars et avril. — *Luzula* et *Carex* ; MERRIN. — *Carex basilaris* ; MILLIÈRE.

apicipunctella. — Sur les *Aira* ; d'octobre à avril ; MERRIN.

albifrontella. — *Holcus mollis, Aira cæspitosa, Dactylis glomerata, etc.* ; feuilles à l'abri des haies ou dans les bois remplis de buissons ; avril, commencement de mai.

cinereopunctella. — *Carex glauca* ; endroits abrités, sur les collines crayeuses ; mine longue, droite, étroite ; mars, commencement d'avril.

luticomella. — *Dactylis glomerata* ; dans les feuilles et surtout les tiges qui se flétrissent et se colorent en jaune ; en captivité, il faut élever la plante chez soi ; avril.

atricomella. — *Dactylis glomerata* ; dans les feuilles, le long des haies et des palissades, endroits abrités ; taches blanchâtres presque linéaires ; fin mars, jusqu'au milieu de mai.

Kilmunella. — *Carex riparia* ; avril, juillet ; MERRIN.

poæ. — *Poa aquatica* ; feuilles peu décolorées, étangs ; avril, juillet et août.

airæ. — *Aira cæspitosa* ; bois abrités ; feuilles minées ; fin avril, commencement de mai.

perplexella. — *Aira cæspitosa* ; juin. — Avril ; MERRIN.

subnigrella. — *Bromus erectus* ; sur les collines crétacées ; mines longues, d'un vert jaunâtre, plus ou moins teintées de pourpre ; avril et juillet.

incertella. — Dans les feuilles de *Poa* ; mars.

exactella. — Dans les feuilles de *Poa* ; mars.

nigrella. — Sur une espèce de Graminées, probablement *Poa trivialis* ; avril et juillet ; FREY.

Gregsoni. — *Poa* ; dans les feuilles, taches pâles, larges ; mars, commencement d'avril.

stabilella. — *Aira cæspitosa.*

Bedellella. — *Avena pratensis* et aussi sur une autre Graminée dont STAINTON ignore le nom ; sommet miné, face inférieure pourprée, terrains crétacés ; avril et juillet.

pullicomella. — Mine la feuille de l'*Avena flavescens* sur toute sa largeur ; mars.

obscurella. — Dans les extrémités des feuilles d'*Holcus mollis*.

arundinella. — Feuilles de *Carex*.

consortella. — Sur une Graminée indéterminée; FREY.

bifasciella. — Feuilles d'*Aira* et de *Festuca* ; endroits ombragés, mine d'un blanc jaunâtre, descendante ; avril.

Megerlella. — *Melica uniflora, Brachypodium sylvaticum, Bromus asper, Aira cæspitosa* ; endroits abrités, près des haies ; mine allongée, d'un brun pâle, un peu foncée; mars, avril.

adscitella. — *Sesleria cærulea, Aira cæspitosa, Brachypodium sylvaticum* ; extrémité minée de haut en bas, mine large, terrains crétacés ; mai.

tæniatella. — *Brachypodium sylvaticum* ; près des haies ; mine allongée, d'un brun blanchâtre foncé; octobre et novembre. — *Aira cæspitosa;* ANN. SOC. BELGE. — De septembre à avril; MERRIN.

chrysodesmella. — Dans l'extrémité des feuilles de *Carex montana* et de *Brachypodium pinnatum* ; avril.

gangabella. — *Dactylis glomerata;* la mine fait paraître les feuilles renflées ; de novembre à fin avril.

zonariella. — *Aira cæspitosa* ; aussi, dit-on, sur les *Dactylis glomerata* et l'*Holcus mollis* ; lieux abrités; sommet miné; avril à fin juin.

serricornis. — *Carex;* avril et août ; MERRIN.

cerusella. — *Arundo phragmites* ; dans les feuilles, grandes plaques blanchâtres, sur la face supérieure ; avril, juillet et août.

utonella. — *Carex glauca* ; localités arides et exposées au soleil ; mai.

rhynchosporella. — *Eriophorum* et *Carex* ; juin; MERRIN.

paludum. — *Carex intermedia;* prairies tourbeuses; mine très longue; juin. — Et ajoute MERRIN : *Carex paniculata* et *C. paludosa* ; avril.

eleochariella. — *Eriophorum* et *Carex* ; mai ; MERRIN.

biatomella. — *Carex glauca* ; dans les feuilles des plantes un peu rabougries, tout à fait à découvert, sur les pentes crayeuses; mars, avril, juin et juillet.

pollinariella. — *Avena flavescens* ; lisières des bois ; avril.

subocellea. — La chenille vit en automne sur les *Origanum, Thymus, Asteriscus,* etc. ; MILLIÈRE.

disertella. — *Brachypodium sylvaticum* et *Holcus mollis* ; mine longue, comme celles des *Lithocolletis* ; mai et juin.

rufocinerea. — *Holcus mollis;* touffes abritées près des haies ; mines larges, aplaties; pendant l'hiver jusqu'en mars et avril.

triatomea. — Sur une Graminée ; mai et juin.

distigmatella. — *Festuca ovina;* mai.

argentella. — *Dactylis glomerata,* et quelques espèces ae *Bromus* avril et mai.

URODELLA

cisticolella. — La chenille vit en hiver dans un petit fourreau portatif sur le *Cistus monspeliensis* et très rarement sur le *C. salviæfolius ;* MILLIÈRE.

BEDELLIA

somnulentella. — *Convolvulus arvensis;* mine large, transparente et plate ; août, septembre; JOURDHEUILLE. — Et aussi à Cannes sur le *Convolvulus althæoides,* à l'arrière-saison et en hiver ; MILLIÈRE.

ÆNOPHILA

flavua *(V.).* — Chenille dans les vieux bouchons ; au premier prin - temps : ROUAST.

LITHOCOLLETIS

roboris. — *Quercus robur* et *Q. pedunculata;* inf. mine visible des deux côtés de la feuille ; à la fin de l'automne, en septembre; JOUR- DHEUILLE. — Octobre et novembre ; FOUCARD.

Amyotella. — *Quercus robur* et *Q. pedunculata;* inf. à la fin de l'au- tomne. — Septembre et octobre; JOURDHEUILLE.

hortella. — *Fagus sylvatica, Salix caprea, Quercus robur* et *Q. pedun- culata;* septembre et octobre; de PEYERIMHOFF et JOURDHEUILLE.

sylvella. — *Acer campestre;* inf.; juillet et octobre. —Mai; ANN. SOC. BELGE.

pseudoplatanella. — *Acer pseudoplatanus;* RAGONOT.

teniculella. *Acer pseudoplatanus ;* RAGONOT.

helianthemella. — *Helianthemum vulgare;* inf.; lieux secs et rocheux ; se chrysalide sous une autre feuille; juillet, septembre et octobre; STAUDINGER. — Vit en mai sur l'*Helianthemum guttatum;* MILLIÈRE.

abrasella. — *Quercus robur* et *Q. peduncuta ;* inf.; STAUDINGER.

Cramerella. — *Quercus robur* et *Q. pedunculata;* inf.; STAUDINGER. — octobre, juillet et septembre; MERRIN.

enella. — *Carpinus betulus;* inf. ; en hiver. — En automne; de PEYE- RIMHOFF. — Juillet, septembre ; MERRIN.

Heegeriella. — *Quercus robur* et *Q. pedunculata;* inf.; mine petite, courbe le bord de la feuille; octobre; JOURDHEUILLE.

alniella. — *Alnus glutinosa;* inf.; mine ovale, entre deux nervures latérales, sous la feuille; juillet, octobre.

alpina. — *Alnus viridis;* FREY.

strigulatella. — *Alnus incana;* inf.; *Alnus glutinosa;* FOUCARD. — En automne, octobre; JOURDHEUILLE.

nigrescentella. — Larve inconnue; STAUDINGER.

irradiella. — *Quercus robur;* juillet, septembre; MERRIN.

lautella. — Divers *Quercus* et particulièrement *Q. pedunculata;* inf.; mine le long dela nervure médiane; octobre.

sublantella. — *Quercus, species?* STAUDINGER.

Bremiella. — *Vicia sepium, V. angustifolia, Trifolium medium, Medicago sativa;* inf.; feuilles d'un blanc verdâtre et contournées en dessous; juillet, septembre.

insignitella. — Les *Trifolium pratense, medium* et *repens; Medicago;* inf.; en automne; juillet, octobre; JOURDHEUILLE.

alnivorella. — Surface inférieure de l'*Alnus glutinosa;* septembre et octobre, puis en juin.

ulmifoliella. — Intérieur des feuilles de *Betula alba;* inf.; mai, juin, juillet, septembre et octobre. — La chenille mine les feuilles des *Genista germanica* et *tinctoria*, MILLIÈRE.

spinotella. — *Salix caprea;* inf.; en automne. — Juillet, octobre; JOURDHEUILLE.

alnivorella. — *Alnus glutinosa;* LAFAURY.

fraxinella. — *Genista germanica* et *G. tinctoria;* sup.; la feuille est entièrement minée en hiver; septembre; JOURDHEUILLE.

cavella. — *Betula alba;* juin, octobre.

viminetorum. — *Salix viminalis;* sup.; septembre et octobre; JOURDHEUILLE. — *Quercus robur;* mine blanchâtre, souvent plusieurs dans la même feuille; juin. — Inf.; selon STAUDINGER.

salicicolella. — *Salix caprea* et plusieurs autres espèces de *Salix;* inf.; feuille contournée et pliée en dessous; mi-juin et mi-juillet, très abondante en septembre et octobre.

salictella. — Les *Salix purpurea, viminalis, amygdalina, etc.;* inf.; en automne.

dubitella. — *Salix caprea;* inf.; septembre, octobre et juin.

Manuii. — *Quercus robur;* inf.; WOCKE.

pomifoliella. — *Pyrus malus* cultivé et sauvage; inf. en hiver; juillet, octobre; Jourdheuille. — Fin mars, avril; de Peyerimhoff.

cerisolella. — Mine en dessus, sur les folioles du *Sorbus* cultivé; Millière, de Peyerimhoff.

sorbi. — *Sorbus aucuparia* et *S. torminalis;* juillet et septembre; Jourdheuille. — En hiver et en automne; de Peyerimhoff.

torminella. — *Sorbus torminalis* et *S. aucuparia;* inf.; feuilles tachétées en dessus, se courbant en dessous; juillet et octobre.

cydoniella. — *Cydonia vulgaris*, *Pyrus communis;* inf.; la variété se prend sur le *Prunus mahaleb;* en hiver.

cerasicolella. — *Prunus avium* et *P. cerasus;* inf.; en hiver. — Juillet, octobre; Jourdheuille.

spintcolella. — *Prunus spinosa* et *P. domestica;* inf.; et aussi Mirabellier, Pêcher, Abricotier, etc; inf.; juillet et fin septembre, octobre.

padella. — *Prunus padus*, inf.; en automne.

oxyacanthæ. — *Cratægus oxyacantha;* inf.; en automne. — Octobre; Jourdheuille.

faginella. — *Fagus sylvatica;* inf.; feuilles présentant un petit pli entre deux nervures latériales; juillet, septembre et octobre.

coryli. — *Corylus avellana;* sup.; grandes taches blanchâtres sur le dessus, la feuille se courbant en haut; juillet, septembre et octobre. — Inf.; Jourdheuille.

carpinicolella. — *Carpinus betulus;* inf. en juillet et septembre, octobre. — Sup.; Jourdheuille.

leucographella. — La chenille mine en hiver les feuilles du *Calycotome spinosa;* Millière.

ilicifoliella. — *Quercus robur;* inf.; Wocke.

caudiferella. — *Quercus ilex;* Ragonot.

distentella. — *Quercus robur* et *Q. pubescens;* inf.; en automne; Millière.

triguttella. — Mai, juin, septembre et octobre; Merrin.

lantanella. — *Viburnum lantana;* inf.; *Viburnum tinus* et *V. opulus;* Millière; on voit en dessous une légère courbure. — Juillet et septembre ou octobre; avril; Merrin.

Junoniella. — *Vaccinium vitis-idæa;* inf.; avril, mai et juillet.

quinqueguttella. — *Salix repens;* inf.; mai, juin, septembre, octobre.

belotella. — *Quercus ilex, Q. pubescens;* inf.; avril; Millière.

Parisiella. — *Quercus pubescens* et *Q. robur;* inf.; Wocke.

quercifoliella. — *Quercus robur* et *Q. pedunculata;* en automne.

Messaniella. — Les *Quercus robur, pubescens, ilex* et *suber, Fagus, Castanea vesca, Carpinus betulus;* inf.; mars, avril, juillet, octobre.

platani. — *Platanus;* STAUDINGER.

Hesperiella. — *Quercus coccifera?* inf.; STAUDINGER ET WOCKE.

delitella. — *Quercus robur* et *Q. pubescens;* inf.; WOCKE.

quinquenotella. — Tiges des *Genista sagittalis;* grandes taches blanches; avril et commencement de mai, août.

scopariella. — *Sarothamnus?* WOCKE.

ulicicolella. — *Ulex europæus;* septembre; MERRIN.

Staintoniella. — *Genista pilosa;* taches blanches; sup.; commencement du printemps jusqu'en mai, puis en août; JOURDHEUILLE.

connexella. — *Salix fragilis* et *S. alba;* inf.; STAUDINGER. — Les *Populus nigra*; octobre; DE PEYERIMHOFF.

viminiella. — *Salix caprea* et quelques autres espèces de *Salix;* inf.; septembre et octobre, puis fin juin, commencement de juillet.

corylifoliella. — Presque tous les arbres fruitiers, principalement: *Pyrus communis* et *P. malus, Sorbus aucuparia* et *S. torminalis, Cratægus oxyacantha;* sup.; inf.; grandes taches blanchâtres, la feuille courbe en haut; juillet, septembre et octobre; JOURDHEUILLE.

betulæ. — *Betula alba, Pyrus malus* et *P. communis;* sup.; la chenille hiverne dans sa demeure; octobre; JOURDHEUILLE.

caledoniella. — *Cratægus oxyacantha, Betula alba;* juillet, septembre; MERRIN.

suberifoliella. — *Quercus suber;* inf.; STAUDINGER.

nicellii. — *Corylus avellana;* inf.; en hiver. — Octobre; JOURDHEUILLE.

dunningiella. — *Corylus avellana;* octobre; MERRIN.

Froelichiella. — *Alnus glutinosa;* inf.; en hiver. — En automne; DE PEYERIMHOFF. — Mine allongée, non ovale; juillet; JOURDHEUILLE.

Stettinensis. — *Alnus glutinosa;* sup.; taches d'un vert pâle, froncées, placées sur une nervure; juillet, octobre.

Kleemannella. — *Alnus glutinosa;* en hiver. — Juillet, septembre; MERRIN.

Schreberella. — *Ulmus campestris* en haies et en buissons; inf.; juillet fin septembre, commencement octobre.

emberizæpennella. — Différentes espèces de *Lonicera;* inf.; dans les bois et dans les jardins; la feuille se plisse droit et non obliquement; juillet, septembre; Jourdheuille.

tristigella. — *Ulmus campestris;* commencement de l'été et octobre; Frey.

Millierella. — *Celtis australis;* inf.; Millière..

scabiosella. — *Scabiosa columbaria;* inf.; feuille tachetée de pourpre en dessus; mine en dessous; au printemps et commencement août.

trifasciella. — Différentes espèces de *Lonicera;* inf.; lieux peu ombragés; mars, avril, juillet, octobre. — Septembre; Rouast.

agilella. — *Ulmus campestris;* inf.; le long de la nervure médiane; août.

pastorella. — *Salix purpurea, S. viminalis, etc.;* inf.; mine très petite, bord à peine plié, juillet; Jourdheuille. — Août, en automne; de Peyerimhoff.

populifoliella. — Les *Populus pyramidalis, nigra, canadensis;* juillet et octobre.

chiclanella. — *Populus alba;* inf.; Staudinger.

apparella. — *Populus;* septembre et octobre.

tremulæ. — *Populus; Populus tremula;* inf; juin. — Septembre; de Peyerimhoff. — Août, septembre, octobre; Jourdheuille.

comparella. — *Populus alba;* inf.; août et septembre.

adenocarpi. — *Adenocarpus hispanicus;* inf; Staudinger.

triflorella. — *Cytisus triflorus;* décembre et mars.

parvifoliella. — *Adenocarpus parvifolius;* Lafaury. — Mine la face supérieure des feuilles; septembre et octobre, puis en mai et juin.

TISCHERIA

complanella. — *Quercus robur;* taches blanches, très apparentes, face supérieure de la feuille; septembre, passe l'hiver, se chrysalide au printemps suivant.

dodonæa. — *Quercus robur, Castanea vulgaris;* décembre. — Octobre; Jourdheuille. — D'octobre en mars, avril; Merrin.

marginea. — *Rubus fruticosus, Rosa;* taches blanchâtres en forme de corne de bélier, sur la feuille. — Les chenilles en hiver et en juillet. — Octobre; Jourdheuille. — En automne et en février; de Peyerimhoff.

Heinmanni. — *Rubus;* octobre; Wocke.

gaunacella. — *Prunus spinosa;* octobre. — Tout l'hiver; Jourdheuille.

angusticollella. — Les *Rosa ;* grandes plaques d'un brun blanchâtre ; septembre, octobre.

LYONETIA

Clerkella. — Sur les feuilles de *Prunus cerasus, Betula alba, Pyrus malus ;* la chrysalide sur la feuille, dans un léger cocon. — *Pyrus communis*, dans les bois ; DE PEYERIMHOFF. — Presque tous les arbres fruitiers ; RAGONOT. — Mai, jusqu'en octobre.

prunifoliella. — A l'extrémité des pousses de jeunes *Prunus spinosa* et *P. domestica, Cratægus oxyacantha, Pyrus malus, etc.* ; août septembre. — Juillet ; JOURDHEUILLE. — Grandes plaques d'un blanc verdâtre ; RAGONOT.

daphneella. — *Daphne gnidium ;* feuilles minées ; mai ; RAGONOT.

PHYLLOCNISTIS

suffusella. — Mine très entortillée, sur les feuilles de *Populus alba* et *P. tremula ;* dans les bois et les bosquets ; mai, août.

saligna. — Mêmes mœurs sur *Salix viminalis* ; mai, août.

CEMIOSTOMA

susinella. — *Populus tremula* et autres *Populus ;* se chrysalide en dehors de la mine ; juillet, août.

spartifoliella. — *Spartium scoparium ;* mine l'écorce des tiges ; tout l'hiver et le printemps. — Avril ; MERRIN.

Wailesella. — *Genista tinctoria ;* mine en automne jusqu'aux gelées.

laburnella. — *Cytisus laburnum ;* grosse plaque d'un vert pâle sur les feuilles ; fin juin, commencement de juillet et fin septembre. — Commencement d'octobre, et même en novembre ; DE PEYERIMHOFF.

lotella. — *Lotus major ;* juillet, août ; MERRIN.

scitella. — *Cratægus oxyacantha, Pyrus malus* et *P. communis* ; dans les jardins fruitiers ; taches brunes renflées, plus foncées au milieu ; depuis juillet jusqu'en septembre.

lustratella. — Feuilles d'*Hypericum perforatum* et *H. montanum ;* juin, septembre.

BUCCULATRIX

nigricomella. — *Chrysanthemum leucanthemum* et *C. sinense ;* lieux arides ; sous les feuilles ; avril, juillet ; JOURDHEUILLE.

cidarella. — *Alnus ;* sur les jeunes arbres ; face supérieure de la feuille; août et septembre.

ulmella. — *Quercus robur* et *Ulmus campestris ;* sous les feuilles ; mine petite, entortillée, près de la nervure médiane; première quinzaine de septembre ou d'octobre, et en juillet.

cratægi. — *Cratægus oxyacantha,* et *Ulmus campestris ;* Foucard. — Sous la feuille ; août; Jourdheuille.

demaryella. — *Betula alba;* mine dans l'angle laissé par la rencontre de la nervure principale et d'une nervure latérale, sur la surface supérieure ; août.

maritima. — *Aster Tripolium;* marais salants ; avril ou mai; juillet ; Jourdheuille.

Boyerella. — Chenille sous les feuilles d'*Ulmus campestris ;* septembre.

Lavaterella. — *Lavatera olbia;* mine les feuilles en dessus, s'y transforme sous triple toile; novembre et décembre; Millière.

frangulella. — Toutes les espèces de *Rhamnus,* principalement le *R. frangula;* août et septembre, se chrysalide février et mars.

Ratisbonensis. — *Artemisia campestris;* taches brunâtres; mi-mai.

artemisiæ. — Pousses d'*Artemisia campestris ;* le cocon est attaché aux rameaux ; avril et mai.

gnaphaliella. — *Gnaphalium arenarium ;* endroits sablonneux; feuilles décolorées; chenille au cœur de la plante; fin mai.

thoracella. — Feuilles de *Tilia europæa;* mine à l'angle de la côte principale et des nervures ; adulte, la chenille vit extérieurement; fin août, commencement de septembre. — Juin et octobre; Jourdheuille.

cristatella. — *Achillea millefolium ;* fin avril, commencement de mai.

OPOSTEGA

auritella. — *Caltha palustris;* mai; Merrin.

TRIFURCULA

immundella. — *Cytisus scoparius;* avril et mai ; Merrin.

NEPTICULA

pomella. — *Pyrus malus;* en automne.

pygmæella. — *Cratægus oxyacantha;* dans les jardins et les bois; ligne roussâtre sous la nervure principale; juillet, octobre.

Æneella. — *Pyrus malus*, cultivé ; à la chute des feuilles.

ruficapitella. — Les *Quercus robur*, *pedunculata* et *suber ;* juillet et mi-octobre à mi-novembre.

samiatella. — *Quercus robur* et *Q. pedunculata ;* WOCKE.

atricapitella. — Mine les feuilles de *Quercus robur* et *Q. pedunculata ;* septembre et juin. — Juillet, octobre ; JOURDHEUILLE.

ilicivora. — *Quercus ilex ;* fin mars ; MILLIÈRE, DE PEYERIMHOFF.

basisuttella. — *Quercus robur* et *Q. pedunculata ;* en octobre ?

rhamnella. — *Rhamnus catharticus*.

tiliæ. — *Tilia sylvestris*, *T. europæa ;* à la chute des feuilles taches brunâtres ; juillet, septembre, octobre ; STAUDINGER.

anomalella. — *Rosa ;* mine tortueuse, brune, remplie d'excréments ; juillet et octobre.

lonicerarum. — *Lonicera xylosteum*, *L. caprifolium ;* galerie près du bout de la feuille, s'élargissant ensuite sur le disque ; octobre ; STAUDINGER.

viscerella. — *Ulmus campestris ;* dans les bois ; taches couleur de boue ; fin septembre, commencement d'octobre.

aucupariæ. — *Sorbus aucuparia ;* juillet, septembre, octobre ; JOUR-DHEUILLE.

minuscolella. — Feuilles des *Pyrus communis*, surtout sauvages ; ligne centrale d'excréments noirs ; juin et août. — Octobre ; DE PEYERIMHOFF ; d'après cet auteur elle aurait trois générations.

tristis. — *Betula nana ;* WOCKE.

paradoxa. — *Cratægus oxyantha ;* WOCKE.

sanguisorbæ. — *Sanguisorba officinalis ;* WOCKE.

pyri. — *Pyrus communis ;* WOCKE.

oxyacanthella. — *Cratægus oxyacantha ;* dans les bois. — *Pyrus malus ;* FOUCARD. — Longues lignes entortillées ; juillet, fin septembre et octobre.

desperatella. — *Pyrus malus ;* fin octobre.

suberivora. — *Quercus suber ;* mine les feuilles en mars ; MILLIÈRE.

Nylandriella. — *Sorbus aucuparia ;* WOCKE.

aceris. — Les *Acer campestre*, *platanoides* et *pseudo-platanus ;* fin septembre. — *Acer campestre ;* octobre ; JOURDHEUILLE.

regiella. — *Cratægus oxyacantha ;* septembre.

pretiosa. — *Geum urbanum ;* WOCKE.

æneofasciella. — *Agrimonia cupatoria*, *Tormentilla erecta ;* chenille d'un vert jaune, tête jaunâtre, lignes plus sombres sur le dos; octobre.

fragariella. — *Fragaria vesca*, à l'ombre; cocon sous la feuille; octobre; JOURDHEUILLE.

tormentillella. — *Tormentilla erecta ;* WOCKE.

gei. — Deux fois par an sur les feuilles de *Geum rivale ;* WOCKE.

dryadella. — *Dryas octopetala;* WOCKE.

splendidissimella. — Les *Rubus idæus, fruticosus* et *cæsius ;* octobre.

aurella. — *Rubus idæus, Geum urbanum, Fragaria vesca;* commencement du printemps, octobre; JOURDHEUILLE. — Toute l'année; ROUAST. — *Rubus fruticosus*, seulement; FOUCARD, WOCKE.

nitens. — *Agrimonia eupatoria;* juin, juillet.

comari. — *Comarum palustre.*

grattosella. — *Cratægus oxyacantha ;* printemps et été. — En automne; DE PEYERIMHOFF, JOURDHEUILLE.

ulmivora. — *Ulmus campestris;* septembre, octobre.

prunetorum. — *Prunus spinosa;* plaques brunes; octobre. — *Prunus domestica;* plus rarement sur le *Prunus padus;* DE PEYERIMHOFF. — Septembre et juin ; ANN. SOC. BELGE.

marginicolella. — *Ulmus campestris;* dans les bois; mine brune, longue, sinueuse; juillet, septembre et octobre.

speciosa. — *Acer pseudo-platanus;* WOCKE.

mespilicola. — *Amelanchier vulgaris, Sorbus aria;* MARTORELL. — Juillet et octobre ; FREY.

acetosæ. — *Rumex acetosa* et *R. acetosella ;* taches d'un rouge assez vif; endroits abrités, terrains crétacés; juillet et de nouveau en septembre et octobre.

alnetella. — *Alnus glutinosa;* mine longue et étroite ; octobre.

lediella. — *Ledum palustre;* WOCKE.

dulcella. — *Fragaria vesca;* WOCKE.

continuella. — *Betula alba;* octobre; JOURDHEUILLE.

centifoliella. — *Rosa centifolia;* mine contournée, dont les excréments n'occupent pas toute la largeur; commencement d'octobre.

microtheriella — *Corylus avellana, Carpinus betulus;* se trouve en juillet, septembre et octobre.

inæqualis. — *Fragaria vesca;* WOCKE.

betulicola. — *Betula alba ;* octobre.

plagicolella. — *Prunus spinosa* et *P. domestica ;* taches blanchâtres, rondes ; juillet, août, septembre et octobre.

ignobiliella. — *Cratægus oxyacantha ;* taches pâles, mines noirâtres ; juillet, août, octobre.

poterii. — *Poterium sanguisorba ;* plantes abritées; juin.

geminella. — *Sanguisorba officinalis ;* WOCKE.

filipendulæ. — Feuilles de *Spiræa filipendula ;* WOCKE.

distinguenda. — *Betula alba ;* WOCKE.

Tengstroemi. — *Rubus chamæmorus ;* WOCKE.

glutinosæ. — *Alnus glutinosa ;* octobre.

luteella. — *Betula alba ;* STAUDINGER. — Juillet et septembre ; MERRIN.

sorbi. — *Sorbus aucuparia ;* juillet.

turicella. — *Fagus sylvatica ;* septembre, octobre et en juin.

hemargyrella. — *Corylus avellana. Carpinus betulus ;* juin, juillet, septembre, octobre. — *Corylus avellana ;* octobre ; JOURDHEUILLE.

argentipedella. — *Betula alba ;* plaques d'un brun clair, avec la partie centrale d'un brun foncé ; octobre, novembre.

Tityrella. — *Fagus sylvatica ;* feuilles abritées ; mines longues, tortueuses, pâles ; juillet et commencement d'août.

Freyella. — *Convolvulus sepium* et *C. arvensis ;* octobre.

malella. — *Pyrus malus*, sauvage et cultivé ; juillet et fin septembre jusqu'au milieu d'octobre.

agrimoniella. — *Agrimonia eupatoria*, feuilles radicales ; se métamorphose dans la mine ; octobre ; JOURDHEUILLE.

Schléichiella. — *Sanguisorba officinalis ;* WOCKE.

atricollis. — *Pyrus malus* sauvage, *Cratægus oxyacantha ;* mine étroite d'abord, puis formant une tache d'un brun verdâtre sur les feuilles ; octobre.

angulifasciella. — Feuilles du *Rosa canina*, dans les haies ; plaques grandes, irrégulières ; novembre.

rubivora. — *Rubus cæsius ;* dans les bois humides ; octobre. — *Rubus fruticosus ;* FOUCARD.

arcuatella. — *Potentilla fragariastrum, Fragaria vesca ;* fin juin, commencement octobre.

aterrima. — *Cratægus oxyacantha ;* WOCKE.

obliqu·lla. — *Corylus avellana ;* octobre ; JOURDHEUILLE.

myrtillella. — *Vaccinium myrtillus ;* juin, septembre, octobre.

salicis. — *Salix caprea* et *S. viminalis* ; taches d'un jaune brun ; juin, juillet, septembre et octobre.

suberis. — *Quercus suber ;* mine en février et mars ; DE PEYERIMHOFF.

castanella. — *Castanea vulgaris ;* octobre ; MERRIN.

carpinella. — *Carpinus betulus ;* lieux ombragés ; octobre ; JOURDHEUILLE.

floslactella. — Feuilles du *Corylus avellana, Carpinus betulus ;* mines étroites ; juillet, fin septembre et octobre.

fagella. — *Fagus sylvatica ?* WOCKE.

lapponica. — *Betula alba ?* WOCKE.

diversa. — *Salix viminalis ?* WOCKE.

vimineticola. — *Salix viminalis ;* FREY.

helianthemella. — *Helianthemum vulgare ;* juin et juillet.

septembrella. — *Hypericum pulchrum* et *H. perforatum ;* endroits ombragés ; mine courbée, noirâtre, entortillée, le cocon est dans la mine ; de septembre à décembre.

catharticella. — *Rhamnus catharticus ;* mine ondulée, d'un gris verdâtre ; commencement de juillet jusqu'au commencement d'août et de nouveau en octobre. — Mine en mars sur *Rhamnus alaternus ;* MILLIÈRE.

intimella. — *Salix ;* septembre ; MERRIN.

Weaweri. — *Vaccinium vitis-idæa ;* feuilles inférieures tuméfiées ; avril et mai.

sericopeza. — *Acer pseudo-platanus ;* le cocon sur le tronc. — *Acer campestre* et *A. platanoides ;* WOCKE ; juin.

decentella. — *Acer pseudo-platanus ;* le cocon d'un jaune brun sur les écorces ; en octobre.

trimaculella. — Les *Populus nigra, pyramidalis* et *tremula.* — *Populus alba ;* FOUCARD. — Mine ondulée, irrégulière, pâle ; juillet et octobre.

promissa. — *Pistacia lentiscus, Rhus cotinus ;* février ; MILLIÈRE.

cistivora. — *Cistus monspeliensis* et *C. salviæfolius ;* mine, en février ; MILLIÈRE, DE PEYERIMHOFF.

assimilella. — *Populus alba :* septembre. — *Populus tremula ;* octobre ; DE PEYERIMHOFF.

subbimaculella. — *Quercus robur* et *Q. pedunculata ;* octobre et novembre.

bistrimaculella. — *Betula alba ;* octobre.

argyropeza. — *Populus tremula ;* taches brunâtres, près du pétiole ;

apicella. — *Populus tremula ;* octobre ; JOURDHEUILLE.

turbidella. — *Populus nigra* et *P. alba ;* WOCKE.

hannoverella. — *Populus pyramidalis ;* WOCKE.

pulverosella. — *Pyrus communis* sauvage ; mine plate, large ; juin,
juillet. — *Pyrus malus ;* STAUDINGER et WOCKE.

cryptella. — *Lotus corniculatus ;* fin septembre et octobre ; FREY.
— Aussi *Lotus major ;* WOCKE.

euphorbiella. — *Euphorbia dendroides ;* WOCKE.

ilicivora. — *Quercus ilex ;* mars et avril.

cistivora. — *Cistus monspeliensis* et *C. salviaefolius ;* tout le mois de
janvier.

MICROPTERYGINA

MICROPTERYX

salthella. — *Caltha palustris*.

sparmannella. — *Betula alba ;* mine les feuilles et s'enfonce ensuite
dans la terre ; juin.

fastuosella. — *Corylus avellana ;* juin. — Avril ; MERRIN.

subpurpurella. — *Quercus robur ;* plaques brunâtres, pâles, sur les
feuilles ; commencement de juin.

unimaculella. — *Betula alba ;* mi-mai, août? MERRIN.

semipurpurella. — *Betula alba ;* août ; MERRIN.

purpurella. — *Betula alba ;* août? MERRIN.

PTEROPHORINA

AGDISTIS

Heydenii. — *Euphorbia spinosa, Lotus angustissimus ;* a toute sa grosseur commencement d'avril. — Et aussi *Atriplex halimus,*
MILLIÈRE.

lerinsis. — Vit sur le *Statice cordata ;* ronge les feuilles en hiver et les
fleurs en été ; se transforme mi-juin ; MILLIÈRE.

tamaricis. — *Tamarix gallica, Myricaria germanica ;* passe l'hiver et atteint toute sa taille, les premiers jours de mai ; Millière.

staticis. — *Statice cordata ;* sur les feuilles en hiver et les fleurs en été ; a toute sa grosseur fin de mai ; Millière.

bennetii. — *Statice limonium ;* mai ; Merrin.

CNÆMIDOPHORUS

rhododactylus. — Les *Rosa centifolia, canina* et *campestris ;* dans les jeunes pousses ; en mai et juin.

PLATYPTILIA

ochrodactyla. — Dans les pousses de *Tanacetum vulgare ;* juillet ; Jourdheuille.

Bertrami. — Dans les tiges d'*Achillea ptarmica* et *A. millefolium ;* juin.

similidactyla. — Pousses et tiges de *Senecio aquaticus ;* mai et août ; Merrin.

gonodactyla. — Dans les tiges de *Tussilago farfara ;* Ragonot. — Juin ; Jourdheuille. — La première génération dans les fleurs du *Tussilago farfara.*

Zetterstedtti. — *Senecio sylvaticus,* tiges ; Jourdheuille.

nemoralis. — Dans les tiges de *Senecio saracenicus ;* lieux humides ; fin août.

tesseradactyla. — Dans les tiges de *Gnaphalium dioicum ;* mars.

AMBLYPTILIA

acanthodactyla. — Feuilles de l'*Ononis spinosa ;* Foucard. — Sur les fleurs d'*Ononis spinosa* et *Stachys palustris ;* juillet, octobre ; Jourdheuille.

cosmodactyla. — *Aquilegia vulgaris ;* juillet ; Frey.

OXYPTILUS

lœtus. — *Andryala sinuata ;* sort de l'œuf en juillet et se chrysalide au bout de vingt jours ; lie les fleurs naissantes ; Millière.

pilosellæ. — Tiges d'*Hieracium pilosella ;* mai ; juin ; Merrin.

hieracii. — Tiges d'*Hieracium umbellatum ;* juin.

didactylus. — *Leonurus cardiaca ;* au printemps.

parvidactylus. — *Hieracium pilosella, Stachys alpina;* seconde moitié
d'avril ; FREY.

MIMŒSEOPTILUS

phœodactylus. — *Ononis spinosa ;* mai, juin.

pelidnodactylus. — Tiges de *Saxifraga granulata;* prairies montueuses
janvier et février. — Mai; JOURDHEUILLE.

serotinus. — Tiges et fleurs de *Scabiosa ;* mai, octobre. — *Linaria cymbalaria;* MILLIÈRE.

zophodactylus. — Dans les capitules vertes de l'*Erythræa centaurium ;*
juillet, août et septembre.

aridus. — Fleurs et bourgeons de *Coris monspeliensis;* avril, mai :
MERRIN.

plagiodactylus. — *Globularia alypum;* se métamorphose en janvier. —
Scabiosa, Veronica chamædrys; avril, mai; MERRIN.

graphodactylus. — *Gentiana lutea;* FREY.

pterodactylus (fuscus). — *Veronica chamædrys;* mai. — *Chenopodium
album, Atriplex patula;* août, octobre ; JOURDHEUILLE.

lithodactylus. — *Inula salicifolia* et *I. dysenterica;* juin; FREY.

Constanti. — *Inula montana ;* en captivité, s'élève sur les *Inula conyza,
helenium, Vaillantii;* en mai; papillon fin juin; RAGONOT.

PTEROPHORUS

monodactylus. — *Convolvulus arvensis;* mai et juin.

LEIOPTILUS

scarodactylus. — Fleurs des *Hieracium umbellatum* et *murorum;* août;
JOURDHEUILLE.

lienigianus. — *Artemisia vulgaris;* mai, juin ; MERRIN.

tephradactylus. — *Solidago virgaurea;* perce les feuilles; juillet; JOUR-
DHEUILLE. — Dans les lieux ombragés ; de septembre en mars;
MERRIN.

carphodactylus. — Dans les rameaux et les tiges de *Conyza squarrosa;*
avril, mai. — Juillet; JOURDHEUILLE.

microdactylus. — *Eupatorium cannabinum ;* passe l'hiver, se métamorphose sous la mousse ou les feuilles sèches. — Hiverne dans les
tiges, se chrysalide dans la plante, vit en septembre; JOUR-
DHEUILLE.

osteodactylus. — *Senecio nemorensis*, fleurs du *Solidago virgaurea;* octobre; JOURDHEUILLE. — De septembre en mars, avril; MERRIN.

cinerariæ. — Vit peut-être sur le *Senecio cineraria;* le papillon vole, fin mai, commencement de juin.

brachydactylus. — *Prenanthes purpurea;* mai et juin; FREY. — *Lactuca muralis*, etc.; MERRIN.

ACIPTILIA

galactodactyla. — *Arctium lappa;* mai; MERRIN.

spilodactyla. — *Marrubium vulgare;* mai, juin; MERRIN. — *Echium?* MARTORELL.

xanthodactyla. — *Arctium lappa;* fin mai, commencement de juin. — Dans le parenchyme des feuilles de *Jurinea cyanoides;* juillet; JOURDHEUILLE.

baliodactyla. — *Origanum vulgare;* juin.

tetradactyla. — *Thymus serpyllum, Pulmonaria officinalis;* ronge les feuilles radicales, juin; MILLIÈRE.

pentadactyla. — *Prunus domestica* et *P. spinosa, Convolvulus sepium* et *C. arvensis;* mai; MERRIN.

ALUCITINA

ALUCITA

dodedactyla. — *Lonicera xylosteum;* dans les rameaux de l'année précédente; la chenille produit une petite boursoufflure; juin.

hexadactyla. — *Lonicera xylosteum;* calice de la fleur; juin, juillet.

Hubneri. — *Lonicera xylosteum;* à toute sa taille en mai.